Apache Spark 大数据分析

基于 Azure Databricks 云平台

Beginning Apache Spark Using Azure Databricks

Unleashing Large Cluster Analytics in the Cloud

[瑞典] 罗伯特·伊利杰森(Robert Ilijason) 著

袁国忠 译

人民邮电出版社

北京

图书在版编目（CIP）数据

Apache Spark大数据分析 ：基于Azure Databricks云平台 / （瑞典）罗伯特·伊利杰森（Robert Ilijason）著 ；袁国忠译. -- 北京 ：人民邮电出版社，2023.6
ISBN 978-7-115-61456-8

Ⅰ. ①A… Ⅱ. ①罗… ②袁… Ⅲ. ①数据处理软件—机器学习 Ⅳ. ①TP274

中国国家版本馆CIP数据核字(2023)第053904号

◆ 著　　　　［瑞典］罗伯特·伊利杰森（Robert Ilijason）
译　　　　袁国忠
责任编辑　傅道坤
责任印制　王　郁　马振武

◆ 人民邮电出版社出版发行　　北京市丰台区成寿寺路 11 号
邮编　100164　　电子邮件　315@ptpress.com.cn
网址　https://www.ptpress.com.cn
三河市祥达印刷包装有限公司印刷

◆ 开本：720×960　1/16
印张：15.5　　　　2023 年 6 月第 1 版
字数：258 千字　　2023 年 6 月河北第 1 次印刷
著作权合同登记号　图字：01-2021-0902 号

定价：79.80 元

读者服务热线：(010)81055410　印装质量热线：(010)81055316
反盗版热线：(010)81055315
广告经营许可证：京东市监广登字 20170147 号

内容提要

Azure Databricks 是一款基于云的大数据分析和机器学习平台，用于实现基于 Apache Spark 的数据处理，为快速增长的海量数据的处理和决策需求分析提供了良好的支撑。

本书详细介绍基于 Azure Databricks 云平台来使用 Apache Spark 完成大规模数据处理和分析的方法。本书总计 11 章，首先介绍大规模数据分析相关的概念；然后介绍受管的 Spark 及其与 Databricks 的关系，以及 Databricks 的版本差异和使用方法（涵盖工作区、集群、笔记本、Databricks 文件系统、数据导入/导出等内容）；接着介绍使用 SQL 和 Python 分别实现数据分析的过程，数据提取、变换、加载、存储、优化技巧等高阶数据处理方法以及外部连接工具、生产环境集成等内容；最后探讨了运行机器学习算法、合并数据更新以及通过 API 运行 Databricks、Delta 流处理等高阶主题。

作为数据分析领域的入门书，本书具有很强的实用性，可供数据工程师、数据分析师和决策分析人员等学习和参考。

关于作者

罗伯特·伊利杰森（Robert Ilijason），商务智能领域深耕20年的战场老兵，曾担任过欧洲一些大公司的外包人，并在零售、电信、银行、政府机构等领域做过大规模数据分析项目。多年来，数据分析领域的各种风尚潮起潮落，但他深信云端Apache Spark（尤其是与Databricks一起）与众不同，将是游戏规则的改变者。

关于技术审稿人

米歇尔·福马加利（Michela Fumagalli），毕业于米兰理工大学，并获电子和TLC工程硕士学位，同时拥有大数据与分析硕士学位及Databricks Apache Spark认证。

她研究并开发了多个机器学习模型，旨在帮助企业核心部门做出数据驱动的决策。她对强化学习和深度强化学习领域很感兴趣，曾在多家跨国公司工作过，现受聘于宜家。

前言

你想成为数据分析师、数据科学家或数据工程师吗？世界需要更多这样的人才。数据分析工作不仅充满乐趣、薪水丰厚，而且不难，至少在你愿意付出努力时如此。

大规模数据分析领域的门槛从未像现在这样低：不需要服务器，不需要高超的 Linux 技能，也不需要大量的资金。诸如 Tableau、Power BI 等图形工具让普罗大众就能涉足小规模数据分析工作，现在 Databricks 又在大规模数据集领域重复同样的戏码——数百万、数十亿、数万亿行的数据都不在话下。

本书将引领你轻松地掌握 Databricks 和大规模数据分析。先介绍数据分析领域：数据分析为何风头正劲、这个领域有哪些变化以及 Apache Spark 和 Databricks 在数据分析领域处于什么样的位置。

接下来介绍 Databricks 是如何工作的。我们将花几章的篇幅阐述 Databricks 的工作原理和用法，包括在用户界面中漫游、启动集群、导入数据等方方面面。

知道如何使用 Databricks 后，该开始编写代码了。你将熟悉用于完成数据分析工作的两种主要语言——SQL（结构化查询语言）和 Python，还将深入探索进阶的数据处理方法，包括在实际的数据分析工作中将遇到的大量假设和例外情况。

最后，将通过几个简短的章节探讨高阶主题，让你明白如何运行机器学习算法、如何合并增量以及如何通过应用程序接口（API）运行 Databricks。具备这些知识后，你就为实战做好了准备，能够解决真实世界中或大或小的问题。

虽然这是一本入门书，但阅读完后，你就掌握了必要的工具，能够开始探索身边或企业中的大型数据集。

期待有一天能够在数据专家行列中看到你的身影。

资源与支持

本书由异步社区出品，社区（https://www.epubit.com/）为您提供相关资源和后续服务。

配套资源

本书提供如下资源：

- 源代码。

要获得以上配套资源，请在异步社区本书页面中单击“配套资源”，跳转到下载界面，按提示进行操作即可。注意：为保证购书读者的权益，该操作会给出相关提示，要求输入提取码进行验证。

提交勘误

作者和编辑尽最大努力来确保书中内容的准确性，但难免会存在疏漏。欢迎您将发现的问题反馈给我们，帮助我们提升图书的质量。

当您发现错误时，请登录异步社区，按书名搜索，进入本书页面，单击“提交勘误”，输入勘误信息，单击“提交”按钮即可。本书的作者和编辑会对您提交的勘误进行审核，确认并接受后，您将获赠异步社区的100积分。积分可用于在异步社区兑换优惠券、样书或奖品。

扫码关注本书

扫描下方二维码，您将会在异步社区微信服务号中看到本书信息及相关的服务提示。

与我们联系

我们的联系邮箱是 contact@epubit.com.cn。

如果您对本书有任何疑问或建议，请您发邮件给我们，并请在邮件标题中注明本书书名，以便我们更高效地做出反馈。

如果您有兴趣出版图书、录制教学视频，或者参与图书技术审校等工作，可以发邮件给本书的责任编辑（fudaokun@ptpress.com.cn）。

如果您来自学校、培训机构或企业，想批量购买本书或异步社区出版的其他图书，也可以发邮件给我们。

如果您在网上发现有针对异步社区出品图书的各种形式的盗版行为，包括对图书全部或部分内容的非授权传播，请您将怀疑有侵权行为的链接通过邮件发给我们。您的这一举动是对作者权益的保护，也是我们持续为您提供有价值的内容的动力之源。

关于异步社区和异步图书

“异步社区”是人民邮电出版社旗下 IT 专业图书社区，致力于出版精品 IT 技术图书和相关学习产品，为作译者提供优质出版服务。异步社区创办于 2015 年 8 月，提供大量精品 IT 技术图书和电子书，以及高品质技术文章和视频课程。更多详情请访问异步社区官网 https://www.epubit.com。

“异步图书” 是由异步社区编辑团队策划出版的精品 IT 专业图书的品牌，依托于人民邮电出版社的计算机图书出版积累和专业编辑团队，相关图书在封面上印有异步图书的 LOGO。异步图书的出版领域包括软件开发、大数据、AI、测试、前端、网络技术等。

异步社区

微信服务号

目录

第 1 章 大规模数据分析简介

我们从头说起。本书探讨的是大规模数据分析，介绍如何获取数据集，再将其载入数据库并根据需要进行清洗，然后对其进行分析（运行各种算法），最后将发现的规律呈现出来。

我们将使用一款崭新的工具——Databricks 来完成所有这些工作，因为它是当前市场上最雄心勃勃的工具。虽然有其他工具提供了与 Databricks 大致相同的功能，但没有一款像 Databricks 这样出色。

Databricks 让你能够非常轻松地使用 Apache Spark 提供的大量分析功能。易于使用非常重要，因为时间应花在数据分析上，而不是浪费在研究配置文件、虚拟机和网络设置上。在上述技术层面上很容易卡壳，而使用 Databricks 时不存在这样的问题。

着手介绍如何使用 Databricks 前，先大致说说如下主题：数据分析到底是什么？最近几年，数据分析领域出现了什么新情况？与使用 Excel 或 SQL Server Analysis Services 进行数据分析相比，大规模数据分析有何不同之处？

1.1 宣传中的数据分析

最近几年，数据分析几乎无处不在，你肯定注意到了这一点。智能算法正被用于赢得选举、自动驾驶汽车，还即将用于把人类送上火星。在不久的将来，这些算法将解决人类面临的所有问题，包括奇异性（singularity）问题。未来已来！——倘若媒体的宣传不假。

对此，很多人激动万分，并抱有不切实际的幻想。所幸的是，虽然很多宣传可能在不久的将来仍难以成为现实，但并不是空穴来风：在数据分析领域，发生了很多翻天覆地的变化，可以帮助我们做出更明智的决策。

实际上，数据分析确实是推动众多行业向前发展的关键驱动力。周围充斥着自主机器人的景象在短时间内或许不会出现，但可以期望的是，商品会更便宜、送货速度更快，所有这一切都要归功于分析人员的聪明才智和智能算法。

媒体宣传的很多情况有的正在发生，有的已持续一段时间。基于计算机的分析已存在很长时间，而当前世界之所以发展到如此正是拜它们所赐。即便是机器学习等热门话题，长期以来其很大一部分也属于数据分析的范畴。

然而，数据分析领域还在不断变化中。当前，我们拥有的数据比以前多得多，计算机在处理数据方面的能力也更强，而最重要的是，由于开源软件（open source software，OSS）及有点宣传过度的云的出现，计算能力获取起来比以前容易得多。

1.2 现实中的数据分析

那么，数据分析到底是什么呢？从本质上说，数据分析不过是一种通过找出数据中隐含的模式来回答问题的方式，它可能非常简单——当前大多数基于计算机的分析都是在笔记本电脑上使用Excel软件完成的，也可能非常复杂，需要在数以千计的处理器核心上运行定制的软件。

我们无时无刻不在脑海里进行着分析。看到天空中出现乌云，就知道马上要下雨了，因为以前出现类似的云朵后，接着就是瓢泼大雨。如果你每天都沿同一条路开车去上班，就大致知道给定时点的车流量。

大致而言，通过收集观察结果（数据点），就可以识别出可用于做出预测的模式，进而根据这些模式做出明智的决策，如带上雨伞或早点出发以避开车流高峰。商业领域中基于计算机的分析与此相同，只是组织起来更为有序，基于的数据点更多（这些数据点通常是以结构化方式收集的）。

公司根据分析结果进行决策的情况无处不在。保险公司根据分析来确定保费，Netflix根据分析来推荐影片，Facebook根据分析来推送文章，Goodreads根据分析来推荐图书。Google知道你何时该从家里出发，以免赶不上会议。Walmart能够相当准确地预测出你下次购物时会买些什么。交通信号灯从红灯切换成绿灯的时间也是根据分析确定的，虽然你有时候会觉得相关的分析人员做得并不好（实际上，他们确实做得不理想，如果你不信，可以阅读Tom Vanderbilt

的著作 *Traffic*）。

很多时候，看似最容易的分析其实是最难的。例如，天气预报涉及的分析处理是最为复杂的，即便如此，预报的准确度也不比假定今天的天气与昨天一样高多少。别忘了，要做出出色的分析很难，虽然你听说的或心里感觉的情况并非如此。

就本书而言，最重要的是分析可以为你和你的公司提供帮助。在商业领域，这样的场景数不胜数。销售代表想知道如何与某种特定的客户打交道才能提高销售量，市场营销人员想知道哪种深浅度的灰色最能吸引眼球，董事会需要知道接下来在瑞典还是挪威开设办事处更合适，门店经理想知道应将牛奶放在哪个货架上，等等。通过分析，可提高猜测的准确度。

1.3　大规模数据分析

从本质上说，大规模数据分析没什么不同。顾名思义，大规模数据分析也是数据分析，只是数据规模比以前大。当前，数据分析领域正经历着范式转换（paradigm shift），这是有原因的。

最近发生的变化主要体现在三点：一是需要处理的数据纷至沓来，不仅Facebook、Amazon 和 Google 如此，普通的公司也如此；二是很容易获得出色的分析工具；三是无须支付高额费用就可获得近乎无限的处理能力。

传统上，面对较为大型的数据集时，由统计学家在自己的计算机或者本地服务器或集群上使用 SAS、SPSS 和 Matlab 软件进行处理。在幕后有一个数据仓库支撑，它能够提供大量经过清洗的数据，这些数据存储在专用数据中心的大型数据库服务器中。

商业智能解决方案也使用这种数据仓库，它让报告生成和数据发现工作轻松得多。即便是普罗大众，也能进行基本的分析，在 Tableau 和 QlikView 等工具面世后尤其如此。在相当长的一段时间内，这种做法都管用。现在这种方法依然管用，在不久的将来也将管用，但显得有点捉襟见肘了。面对新的分析需求，以前的方法已无法胜任，因为随着数据量的增加以及需要回答的业务问题越来越复杂，必须使用新的分析工具。

这样的发展变化是完全合理的。如果需要分析的数据只有数千行，使用 Excel就可以。但如果需要处理的记录有数百万条，或许就该转而使用数据库了。同理，需要对超大型数据集运行算法时，就不能再依靠传统的工具。

例如，要对数十亿个组合进行回归处理，单台服务器将难以胜任。面对这种情况，可以建立包含数千台服务器的大型数据中心，但如果不需要让这些机器全天候地运行，这样的做法并不合理。大多数公司并没有这样的需求。

你可能会问，大型到底是多大？问得好。鉴于一切都在快速增长，将大型落实到具体的数字是不明智的，因为这样的数字很快就会不合时宜而成为笑柄。只要想想 Teradata 公司就明白了。这家公司成立于 20 世纪 70 年代末，那时 1TB 数据的规模了不得，而现在就很普遍了。市场上就有尺寸只有拇指指甲大小，容量却高达 TB 级的硬盘。当前新的大规模标准是 PB 级。Oracle 公司的产品线 Exadata 能在多长时间内名副其实呢？我们拭目以待。

何谓大数据？

实际上，这不过是一个市场营销噱头。最初并不叫大数据，但随着时间的流逝，有关大数据的定义多得数不胜数。当前，大数据的含义众多，如果不对其做出定义，根本无法知道对方说大数据时指的是什么。

最近几年，我总是在有人说到大数据时请求他解释大数据的含义。答案如下（这里的答案是经过精简的，实际的解释要长得多）：大量的数据、预测性分析、Hadoop、分析、推特上的数据、大量快速到来且格式各异的数据（Gartner 的定义）。这些只是众多答案中的很少一部分，但对于每种情况，都可以不同的方式对大数据进行解释。所以，我的建议是不使用大数据这个术语，因为对方的理解可能与你要表达的意思不同。

或许从伸缩性的角度考虑更容易：如果数据量大到不使用大量机器就无法对其进行分析，这样的数据量就是大规模的。对于这样的工作负载，需要考虑采用新的替代工具来处理。

一种典型的情况是机器学习，它可使用的数据越多、处理能力越强大，效果越好。要对大型数据集运行复杂的算法，需要大量的 CPU 周期，这样的工作量对于台式计算机根本不能胜任，而大型集群只需几小时乃至几分钟就能完成。

在数据分析的新时代，确定数据、软件和云是推动它向前发展的主要驱动力后，再来依次分析它们，看看在这些方面发生了哪些变化，而这些变化将如何影响数据分析。

1.4 数据——分析中的燃料

在数据分析的新时代，数据是最重要的驱动力。当前，数据真是太多了，生成新的数据从来没有像现在这么容易，同时很多人在打造相关的产品，以更快的速度生成新数据。数据的增长速度快得令人不可思议。

想象一下，每当你访问电子商务网站的网页时，都有大量的数据被存储：向你展示的商品，你单击的内容，你在这个网页中停留的时长，鼠标指向的位置等。

另外，你每做/不做一件事，也会生成信息。向你推荐《纽约时报》上的文章时，如果你表现得无动于衷，推荐者肯定会记录下来，旨在让算法下次表现得更好。总之，当你访问某个网页时，可能生成数 KB 乃至数 MB 的数据。

显然，这样的信息泛滥并不限于企业面向客户的窗口，几乎每个部门的每个方面都在改进，旨在捕获更多的数据。虽然很多数据都是人生成的，但传感器正快速在生成数据方面处于领先地位。

另一个炙手可热的宣传词是物联网（internet of things，IoT），生产和部署的传感器数量正在激增。原本就很低的传感器价格还在不断下降，这进一步降低了在手表、容器和卡车中安装传感器的壁垒。仅汽车行业每年安装的传感器就高达 220 亿个，而其中每个传感器都将每秒生成数千个数据点。

流式数据处理是未来唯一的发展方向吗？

流式数据处理指的是在数据到达后立即进行传递，这种做法正日益流行。虽然这种数据处理方式完全合理，在 Web 应用中尤其如此，但并非在所有场景下都是必要的。

需要以多快的速度获取数据呢？这取决于要以多快的速度做出决策。例如，在线零售商可能每秒调价很多次，以针对不同的访客；而实体商店可能每月只调价一次。因此，决定数据流处理方式的是最终结果的用途。

虽然如此，但如果可能，以流式方式处理数据从来都不是馊主意。因为相比于从其他处理方式，搭建流水线以最大限度地缩短数据流经流水线的延迟，但以批量方式处理数据的方式更容易。但如果当前是以批量方式获取数据的，也不用担心。当前，大部分数据仍然是以批量方式处理的，这种处理方式也是本书关注的重点。

上述所有因素都会生成新数据，根据商业智能公司 Domo 研究，平均每人新增数据量 1.7MB，这指的是每秒新增的数据量，日日如此，永不间断。经计算，每人每天新增的数据量约为 146GB（1.7MB×3600×24），足够写满 6 个蓝光光盘。再将 146GB 乘以人口数量 80 亿，其结果为千的六次幂（Quintillion）级，这是个很大的数值，但考虑到当前的数据生成速度，如果我现在要开公司，肯定不会将其命名为 Quintilladata，因为大约 30 年后，这样的公司名将明显不合时宜。

需要指出的是，全球各地的政府正在阻止这样的数据生成和收集，尤其是在个人数据方面。已出台多部法律法规，如欧盟《通用数据保护条例》（General Data Protection Regulation）、《中华人民共和国网络安全法》，旨在阻止公司对个人信息进行追踪。这种担忧充分说明了现在生成数据的算法有多高效。

从分析的角度看，最重要的一点是数据中存在大量有趣的信息，在价格 1000 美元的笔记本电脑中使用 Excel 处理这些信息根本行不通，使用基于 Oracle 的商业智能平台或 SAS 服务器集群亦如此。为了处理海量数据，需要有能够胜任这项任务的工具。所幸市面上有这样的工具，且其中很多出色的工具还是免费的。

1.5 免费的工具

在统计学和商业智能领域，流行的工具大都价格昂贵，其目标客户群为有钱购买所需技术的大型企业，但这意味着很多公司都买不起好东西，更别说个人了。以前，不但分析软件是这种情况，各种类型的程序也如此。

所幸开源软件（OSS）改变了这一切。Linux 曾经是异类，但现在取代了大部分公司的 UNIX。免费的 Apache Web 服务器是最大的 Web 服务器软件，其最大的竞争对手 Nginx 也是开源的。这样的例子还有很多。虽然在桌面客户端领域占据统治地位的依然是 Microsoft 和 Apple，但后端正逐渐转向开源。实际上，即便是客户端，也越来愈依赖 OSS——全球最大的操作系统 Google Android。

在分析领域，也存在这样的趋势。当前，所使用的大多数分析工具都是免费的。分析人员使用的大多数顶级工具都源自 OSS，虽然并非都是这样，例如，Excel、Tableau 等专用工具依然深受欢迎。

然而，最重要的工具都是免费的，其中包括提供数以千计免费库的 R 语言和 Python 语言，这让数据分析得以普及，因为你可通过 Anaconda 免费下载 Python 以及 OpenCV（Open Computer Vision）等库，并在家用电脑上运行它们。

你根本不用考虑这些工具是否管用，实际上，它们是相关领域中最为出色的。例如，在深度学习领域，所有顶级库都是开源的，还没有商用替代产品能够与TensorFlow、Keras和Theano比肩。免费的工具不仅好用，而且是最出色的。

此外还有可帮助你更高效地处理数据的工具，以及帮助将工作负载分成小块的工具。对大规模数据分析来说，这非常重要，因为给机器增加处理能力（垂直伸缩）会很快遇到瓶颈，进而需要付出高昂的代价。

替代方案是采用分布式架构，这被称为水平伸缩，即不是给单台服务器增加处理能力，而是添加服务器并让所有服务器协同工作。为此，需要有能够在众多机器之间分配工作负载的软件。

这里的理念是将工作负载分割成可并行运行的多个部分，这样就可将不同的单元分配给众多的处理器核心。如果需要的处理器核心足够少，可在单台机器中运行，否则就需要在大量的机器中运行。

关键在于，如果你编写的代码只能在单个处理器核心中运行，将受制于处理器核心的最高速度；如果你编写的代码能够并行运行，就能充分利用众多处理器核心的处理能力。

为了利用众多处理器核心的处理能力，需要借助于类似于Apache Hadoop/MapReduce和Apache Spark这样的产品，而它们都是开源的。你只需以正确的方式定义需要它们做的工作，这些产品将协助分配工作，并一路上施以援手，让你能够尽可能轻松地做出正确的决策。

令人印象深刻的是，它们都可免费下载并使用。世界上任何人可使用的工具，你也可以使用。没有哪家公司使用的工具比你使用的还好，可能硅谷和中国的巨头除外。这是多大的好事呀！

如果你愿意，还可随意查看它们的源代码。即便你不打算自己动手编写代码，查看源代码有时也大有裨益。另外，在很多情况下，源代码中内联的文档也非常出色。

然而，Apache Spark以及其他帮助分配工作负载的工具也存在一些问题，其中最突出的是，它们要求使用配套的硬件来完成处理工作。虽然硬件的价格在不断下降，但搭建数据中心和雇佣技术人员的费用依然高企，在你只是偶尔使用它们时更为明显。所幸的是，对于这种问题已经有了解决方案，这就引出了范式转换涉及的第三驾马车——云。

1.6　进入云端

20世纪40年代，IBM的Thomas Watson做出了著名的论断：全球只能有大约5家计算机公司。这个论断不太准确，如果现在将其中的“计算机公司”换成“计算能力提供商”，会更靠谱，因为为数不多的几家这样的公司正满足着全球越来越多的处理需求。

当前，很大一部分计算能力依然位于公司本地，雇员上千的公司大多有自己的数据中心。但这种情况所占的比例正在急剧下降，越来越多的公司都将技术基础设施外移，尤其是新组建的公司。

由Google的Eric Schmidt提出的云计算的概念大行其道，现已成为新的潮流。公司不再自己运营技术栈，而是按需购买。就像水电，大多数公司都不自建水厂和电厂。对于计算能力，亦应如此。

仅当你的数据不像流经插座的电流那样易于替代时，上面的类比才能成立。然而，在不雇佣任何相关技术人员，也不搭建任何机架的情况下，就能够获得近乎无限的处理能力，对小型公司来说至关重要。这极大地消除了竞技场的壁垒，是小型新兴公司能够迅速扩张的原因之一。

云计算和分布式计算共同为分析人员带来了绝佳的机会。突然之间，以前难以解决或需要很长时间才能解决的问题，现在即便是小公司也能轻松处理。

大型公司也将从中受益。突然之间，以前需要好几天才能运行完毕的工作负载，现在只需一天、一小时乃至瞬间就能运行完毕。另外，不管公司的规模多大，无须再新建数据中心都是好事。

最重要的是，需要支付的费用往往更少，因为支付的费用取决于用量。如果自己搭建数据中心，不管是否使用都存在相关的开支；而在云端，将根据使用时间付费，因此可启动100台服务器，使用一小时后再让别人使用。

前面就是我们所说的三个重要变化：数据、工具和云计算。但还有一个问题：虽然现在实施数据分析更容易了，但对很多人来说，从零开始搭建数据分析环境还是太复杂。在Microsoft Azure或Amazon Web Services（AWS）上配置基础设施很容易，但也很容易犯错。即便是技术人员，要搭建Hadoop Core或Spark环境，也需要阅读大量的材料，还需做大量的测试。要是有更简单的途径就好了！

1.7 Databricks——懒人的分析工具

为了解决前述问题，Databricks 应运而生。我们终于说到 Databricks 了。Databricks 能够处理海量数据吗？没问题。Databricks 基于最出色的同类工具吗？是的。Databricks 是通过云使用的吗？只能通过云使用。这些特点成就了一款易于使用的工具，几乎任何人都只需几分钟就能学会使用。Databricks 让你能够通过云利用 Apache Spark 的强大威力，还可使用近乎无限的存储空间，而需要支付的费用只占自己搭建数据中心所需费用的很小一部分。

这就是数据分析新时代的真正威力所在：不再需要过多地操心底层的硬件和软件。然而，要进行优化，最好熟悉相关的工作原理，这就是本书后面要对此进行介绍的原因所在。当然，如果你不想了解工作原理，也关系不大。通过使用 Databricks，你可专注于业务问题及其解决方案，而不用考虑基础设施。

更重要的是，Databricks 还可给你提供帮助。集群是自动伸缩的，并在你不再使用时自动关闭。这不仅能够节省大量开支，还让你的工作更轻松。所有后顾之忧都为你消除了，你只管专注于自己该做的事情——分析数据。

在数据分析领域，这种软件即服务（software as a service，SaaS）工具正迅速崛起。越来越多的公司都想将与后端相关的工作外包，让其薪酬高昂的数据科学家和数据工程师能够专注于手头的业务。

Databricks 以及 DataRobot、Snowflake 和 Looker 等工具都是为适应这种新潮流而生的。老玩家正竭力迎头赶上，但到目前为止，它们的影响有限。虽然情况可能有变，但很多新玩家可能就此扎下根来，其中最有可能赢得胜利的是 Databricks。当前，最大的两个云平台（Azure 和 AWS）都以合理的定价模型提供 Databricks。最重要的是，Databricks 由最初的 Apache Spark 开发人员负责运营。Databricks 具备获得成功的良好基础，但愿你在本书的助力下也能获得成功。

1.8 如何分析数据

介绍如何使用 Databricks 前，我们先来看看使用它能做什么。答案太多了。机会几乎是无限的，这一点本身可能成为制约因素，因为在几乎能够做任何事情的情况下，实际去做任何事情都可能很难，而要选择做正确的事情更难。

常见的做法是，漫无目的地寻找异常值和不同寻常的模式，以力图发现有趣的方面，这通常被称为探索性分析。有时候，这是发现异常和问题迹象，进而进行大规模追查的不错方式。然而，这通常不是创造业务价值的最有效方式，取而代之的是，在任何情况下，都尝试从问题着手。

在其著作 *Thinking with Data* 中，Max Shron 提供了一种流程，非常适合用于处理数据分析项目。虽然这不是唯一可行的流程，但我发现这个流程对立项和项目评估都很有帮助。需要考虑的基本步骤有 4 个：背景（context）、需求（need）、愿景（vision）和成果（outcome）。

在背景中，需要指出要力图达成的目标以及哪些利益相关人对有望解决的问题感兴趣。还需指出是否存在更高的目标。

在需求中，需要明确地指出，如果项目获得成功，将带来什么样的好处：将能够做以前哪些做不了的事情。这对从实践层面理解问题至关重要。

还需指出结果会是什么样的，这被称为愿景。这可以是模拟草图，也可以是几条虚构的记录，其中包含预期将得到的值。还需指出解决方案的逻辑。

成果可能是最重要的部分之一，却常常被人忽视。结果将如何被使用？由谁使用？最终的解决方案归谁所有？由于优秀成果无法集成到当前业务流程中而被弃若敝屣的情况太多了。

如果能够在准备阶段明确地回答上述所有问题，就离成功不远了。

需要指出的是，虽然本书的主题是大规模数据分析，且到目前为止，本书探讨的大都是这方面的内容，但并非在任何情况下都需要大量数据，有时候使用小型数据集就能发现要点。

然而，如果你想利用数据对未来做出较为准确的预测，通常数据越多越好。如果有最近 100 年的天气变化趋势，根据其做出的预测很可能比只有最近 5 年的数据时做出的更准确。考虑到当前的天气变化趋势，预测的准确性更不确定。

然而，即便不需要额外的数据，拥有它们也有利无弊。相比于生成或收集新信息，将不需要的信息滤除要容易得多。在很多情况下，生成或收集新信息是不可能完成的任务。

在很多情况下，你将发现并不具备完成工作所需的数据：要么当前没有捕获到这些数据，要么公司或系统中没有这些数据。在这种情况下，需要收集所需的信息。如何完成这种任务不在本书的讨论范围之内，可参阅 Douglas W. Hubbard 的著作 *How to Measure Anything: Finding the Value of Intangibles in Business*。

1.9 真实世界的大规模数据分析示例

我们来看看公司在利用数据分析做些什么。全球每家大中型公司几乎都在做某种数据分析，因此这样的示例数不胜数。为了让你对利用大规模数据分析可做些什么有大致认识，这里提供了三个示例。

1.9.1 Volvo Trucks 的远程信息处理

Volvo Trucks 和 Mack Trucks 都利用其卡车上数以千计的传感器来收集状态数据，并将这些数据载入一个解决方案，力图预测卡车是否即将出现故障。为了避免司机陷入困境，系统提前建议司机将卡车开到维修点，进而在故障发生前将其修复。

有趣的是，所收集的不仅是有关卡车的信息，还有有关周边环境的信息，以确定气压和海拔等是否是重要的故障影响因素。

通过收集这些信息，可减少故障和停运的情况发生，而对大多数运输公司来说，这些是决定成本的主要因素。在物流运输领域，使用了各种数据分析，这里说的解决方案只是冰山一角。随着计算机的普及，这个领域的每家公司都或多或少地在使用大规模数据分析。

1.9.2 Visa 的欺诈识别

多年来，金融部门一直在使用大规模数据分析，信用卡公司尤其如此，因为它们亟需知道交易是否存在欺诈。

例如，Visa 就对使用其信用卡进行的所有交易做实时的预测分析，其中使用的算法力图寻找与以前的欺诈交易类似的模式。怀疑存在欺诈时，将拒绝交易，并通知持卡人。

在最近大约 10 年期间，欺诈交易行为剧减，这要归功于这些欺诈识别方法。虽然交易量增加了 10 多倍，但欺诈交易数量却减少了 2/3。同时，欺诈识别系统在日益精进。

你可能遇到过误报情况，即原本正常的交易被警告可能存在欺诈。在你做了一系列不同寻常的交易时，有可能会出现误报，尤其交易是在线进行时。如果你遇到过这样的情况，很可能是很久前的事了。当前，Visa和Mastercard在欺诈识别方面做得非常好，能够更好地识别模式，进而确定不同寻常的正常交易并非欺诈。

1.9.3 Target的客户分析

下面的示例可能不足为信，它虽然是很久前的事情，但与数据分析紧密相关。大约10年前，零售巨头Target给某位少女寄信，恭喜她怀孕了。这位少女的父亲认为Target搞错了，因此非常生气，但后来却不得不道歉，因为事实证明这位少女确实怀孕了。

Target是根据这位少女的购物习惯确定她怀孕了的。由于购物习惯突然发生了变化，这位少女被划归到不同的人群，而算法很快识别出她怀孕了，而其家人却没有意识到这一点。

这个示例绝对是真实的。大多数零售商都能够根据购物记录对顾客做出非常精准的判断，超大型零售商和电子商务网站尤其如此，因为它们能够将你同数以百万计的其他顾客进行比较。

这让人日益担心违背职业道德的情况发生。顾客不希望公司对自己的情况知道得太多，但问题是能否收集到所有有关顾客的信息。Google不能登录你的电子邮件账号，并查看你给朋友发送的邮件。

1.9.4 Cambridge Analytica有针对性的广告投放

我们还是不要将其作为示例吧，至少它不是充满正能量的示例。当你分析数据时，千万别忘了伦理道德。虽然没有针对数据分析师的希波克拉底誓词，但有时候感觉应该有这样的誓词。做个好人吧，不要利用预测来作恶。

1.10 小结

但愿阅读本章后，你对如下方面有了直观的认识：大规模数据分析处于什么样的位置？为何Databricks如此受欢迎？虽然数据分析由来已久，但增加的数据量、易得的云处理能力及出色的开源工具给数据分析领域带来了新的机会。

Apache Spark 是最受欢迎的框架之一，它处于数据分析工具金字塔的顶端。Databricks 让你能够轻松地通过云来使用 Apache Spark：只需单击几下鼠标，就可对数十亿行数据进行处理。在 Databricks 看来，数 PB 规模的数据处理犹如小菜一碟。

Databricks 还是一个完备的工具集，提供了加载、清洗和分析数据所需的工具。在此过程中，它可使你以按需付费的方式向 Microsoft、Amazon 等云提供商租用大量资源。

虽然 Databricks 能够承担各种苦差事，但并不能取代数据仓库和桌面分析工具。它是在其他工具都不能胜任时才应选择的超级工具——在大厦将倾时现身的盖世英雄。

然而，Databricks 并不能完成所有的工作。归根结底，你需要考虑如下方面：要做什么？这样做对业务有何帮助？结果会是什么样的？谁将接管你的工作成果并确保它得以实施和维护。

接下来将介绍 Spark 及其工作原理，以及 Databricks 的独特之处。

第 2 章
Spark 和 Databricks

最近几年，Apache Spark 已风靡全球。本章介绍 Apache Spark 到底是什么，以及它能够风靡全球的原因，还要说说 Databricks 带来的好处。

为了帮助你更好地理解这款工具，将介绍其架构，这有助于搞明白作业是如何在系统中运行的。这方面的知识虽然不是必不可少的，但有助于解决未来可能出现的问题。

本章还将深入介绍 Apache Spark 所使用的数据结构，并简单介绍 Databricks 文件系统（DBFS），虽然这个主题将在第 3 章进行更深入的探讨。

最后，本章将概述 Apache Spark 内核之上的出色组件。这些组件并非必不可少的，但在你面临的应用场景中可能正好能够派上用场。本书后面将详细介绍其中的两个组件。

需要指出的是，Spark 和 Databricks 发展变化都很快，而本书的示例代码大都适用于 Spark 2.4.4，虽然对早于或晚于该版本的 Spark 版本来说，本章介绍的大部分内容都适用，但别忘了，情况可能会变。

2.1 Apache Spark 简介

Apache Spark 是一款海量数据处理工具，它利用大量机器（节点）高效地完成工作。虽然 Apache Spark 适用于众多不同的应用场景，但其最常见的用途是数据分析。

大家为何喜欢 Apache Spark 呢？最重要的原因是速度，它能够快速地处理大型数据集。虽然规模多大可称为大型数据集有点模糊，但大型数据集通常指的是单服务器系统无法应对的数据集。

与传统解决方案乃至众多其他集群或并行处理解决方案相比，Apache Spark 的处理速度要快好几倍，在有些情况下甚至快 100 倍。相比于其他流行的开源解决方案 Hadoop/MapReduce，其速度优势尤其明显。

如果你是久经沙场的 IT 老兵，可能对此不屑一顾。在 IT 行业，宣称自己比别人优秀是种流行病，人人都能以某种方式证明自己的速度比竞争对手快得多。然而，Apache Spark 确实是一款设计良好的软件，在使用得当的情况下，能够给出令人印象深刻的结果，不仅在基准测试中，现实环境中亦如此。

它不仅能够处理海量数据，还能利用大量的机器。拜其核心架构所赐，Apache Spark 的可伸缩性非常强，可根据需要在数千个节点上运行它，也可在单台计算机上运行它，虽然后一种做法几乎在任何情况下都不是好主意（只为测试时除外）。

在任何情况下，可伸缩性强都是好事，在云端运行作业时，可伸缩性显得尤其重要：需要更多的处理能力时，只需增加节点；而使用完节点后，只需将其关闭。在作业为线性的情况下，能多快获得结果取决于你的钱包有多鼓。

编写本书时，我使用的是一个运行在 Azure 上的 9 个节点的集群，其中每个节点都有 64 个处理器核心和 432GB 的工作内存。虽然这样的集群无法与超级计算机比肩，但对很多应用场景来说足够了。如果有同事需要测试，可搭建独立的集群。

与购买大型计算机相比，运行众多小型计算机的费用更低。在前面的示例中，我只需支付少量的费用就能获得所需的结果。使用完毕后我关闭所有的节点，这样在再次使用前无须支付任何费用。

Apache Spark 的另一个优点是，安装好后使用起来非常方便。你可使用众多不同的编程语言来与之通信。在我看来，最重要的是它同时支持 Python 语言和 R 语言。

为了简化你的工作，Apache Spark 还提供了多个不同的库，如本书将大量使用的 SQL 和 DataFrame。如果你有数据库方面的经验，学习使用 Apache Spark 的过程将更轻松。

另外，你并非必须使用特定的专用文件格式。Apache Spark 支持众多不同的文件类型，本书将后续介绍。还可使用 Apache Parquet、Optimized Row Columnar

（ORC）、JavaScript 对象表示法（JSON）以及众多其他的文件格式。

支持众多文件格式带来的优点是可以轻松地读取既有的数据。即便数据是非结构化的（如图像文件或声音文件），也可将其读入 Apache Spark 中进行处理。

Apache Spark 还是开源的，这意味着如果需要，可下载其源代码并进行编译。如果你确实是出色的程序员，甚至可给它添加一些特性。就算你不具备这样的能力或者不想这样做，也可查看其源代码，进而了解调用函数时发生的情况。实际上，Spark 源代码包含清晰的文档。如果需要下载源代码，可在 GitHub 官网中搜索 Spark 关键词查寻下载。

从 2013 年起，Spark 就一直由 Apache 软件基金会（Apache Software Foundation）负责维护。你可能不熟悉 Apache 软件基金会，它是一个非营利组织，当前市面上众多卓越的开源工具都由它负责维护。诸如 Facebook、Google 等众多大型商业公司都将其工具交由 Apache 软件基金会来维护，这些公司包括 Apache Hadoop、Apache Cassandra、Apache HBase 等。

有鉴于此，Apache Spark 是必备的大规模数据分析工具，数以万计的公司都使用它来满足大规模数据分析需求，其中不仅有《财富》500 强，还有众多规模小得多的企业。为了使用 Apache Spark，越来越多的公司转而求助于 Databricks。

2.2 Databricks——受管的 Apache Spark

Databricks 是封装到云服务中的 Apache Spark，它完全受管，同时提供了一系列基于 Apache Spark 的产品。Databricks 由 2009 年开发 Spark 的人员打造，以最佳的方式使用 Spark 的核心引擎。最重要的是，它消除了为了使用 Spark 而必须面对的技术壁垒。

虽然对技术人员来说，Apache Spark 安装起来相对容易，但安装它时必须对网络和操作系统有深入的认识。而通过 Databricks 来使用 Apache Spark 时，需要做的只是单击按钮，其他的一切都将在幕后自动完成。

这意味着你可专注于数据处理，而无须深挖配置文件。你无须关心 Apache Spark 的架构、安装以及其他所有与技术相关的方面，因为这些方面都已帮你处理好了。虽然如此，了解幕后发生的情况还是会有所帮助的。

Databricks 针对云环境进行了优化，因此能够伸缩自如，只要你的工作负载不是一周七天、一天 24 小时运行的，这就是好事。你只需提出要求，其他的都将由 Databricks 在幕后替你搞定。这让你在需要时能够使用处理能力，而不需要时无须支付费用。

对大多数公司来说，这种即付即得（pay-as-you-go）模型是 Databricks 的一个突出优点，即可以使用大量节点运行作业，作业运行完毕后将所有节点都关闭。与自己搭建服务器相比，这可节省大量的开支。

Databricks 还提供了卓越的界面，它简洁、易用，专为协作而打造，例如，你可与同事同时使用同一个笔记本，这让远程协作开发变得更加容易。

与 Databricks 交互时，最便捷的方式是使用内置的笔记本，但也可使用其他工具来与 Databricks 交互。为此，可使用众多连接器（connector）之一连接到 Databricks，还可使用诸如 Microsoft Power BI 等桌面分析工具。

由于 Databricks 运行着 Apache Spark，因此可使用它来扩展本地环境，在偶尔需要运行大型作业时，这大有裨益。这要求你学习使用新的用户界面，但可避免为运行一个季度才运行一次的作业而添置服务器。

2.2.1 Databricks 的缺点

虽然 Databricks 有很多优点，但也存在一些问题。不应盲目地投身于只能通过云使用的分析空间，而应在这样做之前想想它都存在哪些缺点。Databricks 并非适用于所有人。

Databricks 的缺点之一是只能通过云来使用。当前，云解决方案正大行其道，也是一种提供集群系统的绝佳方式，但还有很多公司想在本地设备上运行软件。

还有一些公司并不想选择云提供商 Amazon 和 Microsoft，但就目前而言，Google Cloud Platform 及 IBM 和 Oracle 等较小的云提供商并不提供 Databricks。这可能不会有问题，但毕竟是一个限制因素。

Databricks 存在的另一个缺点是，在很大程度上，它对用户来说是隐藏的。在一切正常的情况下，这是优点，但出现问题时就不再是优点了。Databricks 提供了大量的日志，但要据此确定集群为何突然崩溃是非常痛苦的。顺便说一句，集群突然崩溃的事情迟早会发生。

最后，需要考虑定价的问题。Apache Spark 确实是免费的，但除非只使用部分功能，否则 Databricks 绝不是免费的。使用单个集群运行大型作业时，单个工作区每月的费用很容易高达上万美元，如果不小心，还可能更高。我听说过这样的情况：有开发人员在大型集群上错误地对大型数据集执行了笛卡儿乘积运算，并运行了一整晚，最后的费用应该相当可观。

总体而言，在大多数情况下，Databricks 是一种更佳的解决方案，胜过自己动手搭建 Apache Spark 运行环境。只需启动节点，再运行大型作业，并在作业运行完毕后将节点关闭，这实在是太方便了。随着越来越多的公司签约使用 Databricks，其前景一片光明。Google Trends 也清晰地表明，Databricks 的上行趋势非常明显。

2.3 Spark 的架构

至此，你应该了解了 Spark 是什么以及它被广泛使用的原因。下面再深入一点，详细介绍 Spark 的架构。严格地说，不知道 Spark 的架构也能够使用 Databricks，但这方面的知识可为你完成日常工作提供帮助。

先要了解的是集群。大致而言，集群是作为一个整体协同工作的大量机器，这些机器通常称为节点。为何要使用集群呢？旨在能够在更短的时间内完成更多的工作，同时无须支付太多的费用。

市面上有大型服务器，如 IBM P 系列，它们有数百个处理器核心，但相比于具有同样处理能力的大量联合的小型机器，它们的价格要高得多。另外，在同一个机箱内可装入的处理器核心数有一定的限制，而集群可包含大量的机器——必要时可包含成千上万台机器。

集群还更具弹性。服务器一旦崩溃，便万事皆休。而在集群中，即便有几个节点出现故障，只要还有其他节点在正常运行，就影响不大，因为余下的节点依然能够对工作负载进行处理。

需要指出的是，Apache Spark 虽然运行在集群中，但从技术上说，并不要求这种集群是多机的。然而，单机集群无法充分发挥 Spark 的威力。另外，无论是哪种类型的工作负载，使用单台机器来处理都不甚合理，因此单机集群仅用于测试。

在计算机科学领域，集群并非新概念，更不是 Apache Spark 引入的。与 IT 领域的众多其他概念一样，集群这个概念最晚在 20 世纪 60 年代就出现了。以前，集群主要用于大型设备中，但高速网络面世后，鉴于数据增长速度高于单机处理能力的提高速度，这种技术得以在更多的应用场景中大行其道。

大规模并行处理

你很可能会遇到的另一个技术术语是大规模并行处理（massively parallel processing，MPP），该术语主要用于商用产品（如Teradata、Greenplum和IBM Netezza）中。

MPP的核心概念与Spark集群类似，要达成的目标也相同，主要差别在于，MPP系统的耦合程度更高，而计算集群中节点的独立程度更高。

有鉴于此，MPP解决方案常常将软件和硬件捆绑在一起。通过搭建联系更紧密的系统（在有些情况下，使用专用硬件组件），MPP解决方案获得的性能更高，但通常价格也更高。

然而，集群和MPP之间并没有明确的分界线，因此有些人将这两个术语作为同义词使用。例如，Apache Impala就使用术语MPP，虽然它像Apache Spark一样运行在集群中。

所幸只要不购买硬件，使用术语集群还是MPP影响不大。因此，选择云解决方案时，根本不用考虑它使用的是集群还是MPP，而只需考虑不同解决方案的性价比。

2.3.1 Apache Spark如何处理作业

Apache Spark是一款运行在集群中的软件，负责替你处理作业。它将需要完成的作业拆分成易于处理的任务，并确保任务得以完成。

Apache Spark采用主/从型核心架构，其中的驱动器（driver）节点相当于控制器和大脑，它保存了集群中所有组件的状态，而你通过它来发送要执行的作业。

向驱动器发送作业时，将创建一个SparkContext对象，而代码通过这个对象与Spark通信。驱动器程序查看作业，将作业拆分为任务，创建执行计划，并确定需要哪些资源，其中创建执行计划是用有向无环图（directed acyclic graph，DAG）表示的，将在后面更详细地介绍。

然后，驱动器向集群管理器申请这些资源。在可能的情况下，集群管理器在工作节点上启动所需的执行器（executor）进程，并将这些进程告知驱动器。

接下来，驱动器直接将任务发送给执行器，而执行器执行任务并返回结果。执行器与驱动器通信，让驱动器知道整个作业的状态。

作业执行完毕后，集群管理器释放所有相关的执行器，让它们能够供接下来要处理的作业使用。

以上大致就是整个工作流程以及所涉及的所有组件。这看起来是不是有点复杂？其实并不复杂。好消息是，如果你觉得这些组件难以理解，完全不用关注它们，因为在Databricks中，你只需指出需要多少个工作节点以及这些节点需要有多强的处理能力，其他的事情都将由Databricks替你完成——启动虚拟机、安装包含Spark的Linux镜像，几分钟后你就可大展拳脚了。

2.3.2 数据

介绍了作业处理后，来说说数据。Apache Spark中的核心数据结构是弹性分布式数据集（resilient distributed dataset，RDD）。稍后你将看到，你可能不会与RDD直接打交道，因为它是Spark在幕后所使用的数据结构。

顾名思义，数据分布在机器集群中，其中的组成部分称为分区（partition），包含的是数据子集。你可指定分区划分标准（如按日划分分区），也可让Spark替你划分分区。

RDD还具有弹性，这与Spark的工作原理相关。RDD是不可变的，这意味着不能修改，因此要执行修改时，必须创建新的RDD。在同一个作业中，通常包含大量的RDD，如果某个RDD丢失，Spark将查看它最初是如何创建的，进而重新创建它。是不是听起来很奇怪？稍后你就会明白。

注意，Apache Spark本身不复制数据，这项工作由存储层负责处理。例如，在Azure上，这是由Blob Storage负责处理的。因此，Databricks不用操心数据复制问题。

最后来说说数据集。大致而言，数据集就是一块数据。在RDD中，数据是无模式的（schemaless）。如果你的数据是非结构化的（或者应用场景使用的是非传统数据格式），这当然是好事。但如果要处理的信息是组织有序的，你可能不想直接使用RDD。

有鉴于此，Apache Spark提供了其他数据处理方式：DataFrame和Dataset。除非有充分的理由，否则不要直接使用RDD，而应使用DataFrame和Dataset，因为它们更易于使用，且经过了进一步优化。

DataFrame类似于数据库中的表。你可定义模式（schema），以确保数据符合该模式。在大多数应用场景中，都使用DataFrame。本书在大多数情况下使用的也是 DataFrame。顺便说一句，不要将 Spark DataFrame 同 Pandas 或 R 中的数据框架（dataframe）混为一谈，它们虽然类似，但不是一码事。

Dataset 很像 DataFrame，但是强类型的，让编译器能够及早发现数据类型方面的问题。这虽然很有帮助，但仅当语言支持时才能发挥作用。Python 和 R 不支持强类型，因此本书不会使用 Dataset。然而，如果你是 Java 程序员，就应使用 Dataset。

在本书中，大部分编码工作都将由 DataFrame 来完成，但对 Apache Spark 来说，这无关紧要，因为正如本章开头说过的，在 Apache Spark 内部，处理 DataFrame 和 RDD 的代码相同。下面来看看 Apache Spark 是如何处理数据的。

1. 处理数据

RDD 支持两大类操作：变换（transformation）和行动（action）。对 RDD 执行的变换操作返回一个或多个新的 RDD。你可能还记得，所有 RDD 都是不可变的，因此必须创建新的 RDD。

当你打造变换链（其中可能包含排序和分组操作）时，并不会立即执行任何操作。这是因为 Spark 采取了惰性求值（lazy evaluation）策略。大致而言，Spark 只是创建一个前面提到的有向无环图（DAG），其中包含你请求执行的所有操作，并对这些操作的执行顺序做了优化。我们来看一个 Python 示例：

```
df = spark.sql('select * from sales')
df.select('country', 'sales')
        .filter(df['region'] == 'EU')
        .groupBy('country')
```

如果看不懂这些代码，也不用担心，阅读第 7 章后就能明白。它从一个销售数据表（sales）中选择数据，再将数据分组以计算每个 country 的销售总额。为了确保只选取 EU 的数据，使用了一个筛选器。

不管表中只有十行数据还是有数十亿行数据，运行这些代码的时长都很短，这是因为它们只执行了变换操作。Spark 意识到了这一点，决定暂时不麻烦执行器。我们再来看一条语句：

```
df2 = df.select('country', 'sales')
        .filter(df['region'] == 'EU')
        .groupBy('country')
```

这条语句将结果赋给了一个新的 DataFrame。你可能认为，赋值将引发行动，但实际上并不会。仅当你对新的DataFrame执行行动操作时，这些代码才会被执行。下面是几个行动操作：

```
display(df2)
df.count()
df.write.parquet('/tmp/p.parquet')
```

行动操作导致代码被执行，它们返回非RDD结果，例如要发送给驱动器或存储空间的数据。在这个示例中，第一个行动操作显示DataFrame，第二个显示行数，而第三个存储到文件系统。如果仔细想想，就会发现这合情合理。所有这些行动都要求结果是可用的，而要确保结果是可用的，必须先进行处理。

当你向驱动器发送作业时，驱动器需要考虑有哪些行动操作。惰性求值让驱动器能够优化整个作业，而不仅仅是其中的一步。

本书后面将详细介绍DAG，以理解其工作原理。在你觉得任务的执行时间比预期的要长时，查看DAG可能会有所帮助。通过查看执行计划，通常可发现有关问题的线索。

2. 存储数据

需要考虑的数据的另一个方面是存储层。集群要求可通过共享的文件系统访问数据，而Apache Spark大量地使用了Hadoop分布式文件系统（HDFS），虽然并非必须使用这种文件系统。

在Databricks中存储数据时，使用的是Databricks文件系统（DBFS）。这是一种分布式文件系统，可通过笔记本、代码和命令行界面（CLI）进行访问。

注意，并非必须将数据存储在Databricks中，而可使用Azure Blob Storage等存储系统来存储数据，并连接到这种存储系统。如果你打算使用多个工具或工作区，这种选择更合理。

如果创建表时没有指定相关的选项，默认将使用Parquet格式和snappy压缩。对于很多分析应用场景来说，这都是很不错的选择，但在有些情况下，其他格式更合适。本书后面更详细介绍Databricks时，将回过头来讨论这个主题。

对于在Databricks中创建的表，将存储在DBFS路径/user/hive/warehouse下，可以在这个路径下查看所有的数据库、表和文件。在查看数据库结构方面，存在比直接使用文件系统更佳的方式，但在有些情况下，需要直接处理文件，需要清理失败的操作时尤其如此。

数据是从 DBFS 或其他文件系统中提取的，而操作是由各个节点以每次一个分区的方式执行的。这一点很重要，因为数据的分布情况可能严重影响性能，在存在数据倾斜问题时尤其如此。

2.4 内核之上的出色组件

前面介绍的内容大都与 Apache Spark 内核相关，但在内核之上有很多组件，可以使用它们来进一步简化工作。虽然这些组件是 Apache Spark 生态系统的一部分，但完全可忽略它们，转而使用其他工具来完成作业。使用 Spark 组件的好处之一是，它们运行在 Apache Spark 引擎之上，这意味着它们经过了优化，非常适用于并行环境。

Apache Spark 提供了 4 个组件，它们分别是 Spark Streaming、Spark Machine Learning library（MLlib）、Spark GraphX 和 Spark SQL。

Spark Streaming 用于处理持续的数据集成。例如，假设要即时处理到来的推文，需要采用与批处理不同的思路，而这个库提供了吞吐量高且容错的现成解决方案。

Spark MLlib 是一个库，包含大量用于执行机器学习任务的算法。它针对 Spark 进行了优化，能够充分发挥集群的威力。这个库最大的缺点在于，它提供的选项数量根本无法与 Python 上的机器学习库 scikit-learn 或 R 上的机器学习库 CRAN 比肩。然而，在需要的情况下，MLlib 确实与 Spark 配合得天衣无缝。

顾名思义，Spark GraphX 用于处理图数据。如果你面对的应用场景与社交网络、物流之类的相关，GraphX 可帮上大忙。与其他库一样，GraphX 也有替代方案，但使用 GraphX 可获得 Spark 提供的速度和性能方面的优势。在很多情况下，使用其他包时可能难以实现良好的可伸缩性。

最后一个组件是 Spark SQL，本书将大量地使用它。这个模块使得能够在 Apache Spark 中运行 SQL 查询，就像在其他关系型数据库中一样。这让你能够轻松地快速处理数据，还降低了跻身于传统分析师行列的壁垒。

2.5 小结

本章介绍了 Apache Spark 和 Databricks，你现在知道了这些工具为何能够鹤立鸡群，还知道它们在数据分析生态系统中所处的位置。

本章还介绍了 Apache Spark 是如何处理数据的——由驱动器将任务交给执行器。你现在知道，Apache Spark 是建立在集群技术的基础之上的，这使得其数据处理速度非常快。

接下来，我们从内部和外部的角度出发介绍了 Apache Spark 所使用的数据结构，包括 RDD、DataFrame 和 Dataset。另外，惰性求值将变换操作推迟到遇到行动操作后才执行。

最后，本章简要地介绍了运行在 Apache Spark 内核之上的 4 个组件，其中的 Spark SQL 马上就会使用，而其他几个组件也将在本书后面介绍。

对 Apache Spark 的工作原理有了大致认识后，该着手探索 Databricks 了。为此，需要让这款工具运转起来，这正是第 3 章要完成的任务。

第 3 章 Databricks 初步

本章介绍如何在不同云解决方案中让 Databricks 运转起来，包括必须选择的各种选项及其相关的定价模型。

阅读到本章末尾时，将在 Amazon Web Services 或 Microsoft Azure 上获得配置好的 Databricks，为接下来两章进行数据加载和开发打下坚实的基础。

3.1 只能通过云来使用

不同于大多数传统软件，Databricks 不能下载并安装到笔记本电脑或台式机上，甚至没有提供用于企业服务器的版本。要使用 Databricks，唯一的方式是通过云，这不是云端优先，而是非云不可。

对大型公司来说，这是一种局限性，但也让数据分析工作容易得多，因为不用每隔几年就更新软件，所使用的软件始终是最新的。当前，可每月更新一次，但 Databricks 的更新频率更高。如果你对于在不断变化的环境中进行开发感觉很不适，也不用担心，你可为重要的生产作业选择稳定版本。

然而，并非所有的云平台都提供了 Databricks。最初，只有 Amazon Web Services 提供 Databricks，但现在 Microsoft Azure 也提供。所幸在云计算领域，Amazon Web Services 和 Microsoft Azure 是两个最大的玩家，你所在的公司很可能至少使用了其中的一个。另外，Databricks 很可能最终现身于 Google Cloud Platform 和其他云平台。

3.2 免费的社区版

即便不能通过你所在的公司访问商业云平台，且用于购买云资源的预算有限，也可使用 Databricks。Amazon Web Services 和 Microsoft Azure 很友好，提供了免费试用的 Databricks 社区版：软件和硬件都是免费的，用户根本不用提供信用卡信息。

当然，这个版本存在一定的局限性，它主要是为了让用户试用 Databricks 而提供的。使用社区版时，不能处理数 TB 的数据，但可感受一下用户界面和笔记本是什么样的。

使用社区版时，系统只有一个 6GB 的驱动器节点，而没有任何工作节点，因此根本谈不上分布式处理，不能通过笔记本进行协作，且最多只能有 3 位用户同时连接到系统。另外，这是一个公共环境。

虽然社区版不能用来做任何正式的工作，但可以试用总是好事。在我看来，所有软件提供商都应提供简易的途径，让人花钱购买产品前能够试用。因此，这里要赞赏 Databricks 不仅这样做了，而且硬件也是免费的。

3.2.1 差不多够用了

本书的大多数示例都可在 Databricks 社区版中运行，我尽可能使用较小的数据集，从而能够实际运行所有相关的代码。虽然如此，但社区版并不包含所有的商业版选项，同时缺少一些核心特性，如作业。然而，就初期使用 Databricks 以及学习 Databricks 的基本功能而言，社区版差不多够用了。

如果你想真枪真刀地干，Databricks 提供了 14 天的免费试用期，这足以让你试用所有的特性，以确定是否值得花钱购买。阅读完本书后，可考虑开始试用，这让你有两周的时间通过 Databricks 来深入了解 Apache Spark。注意，在试用期间，只有 Databricks 软件是免费的，需要向云提供商支付基础设施使用费。然而，对于新客户，云提供商通常都会有优惠，因此可以关注这样的优惠。

3.2.2 使用社区版

访问 Databricks 官网，在这个网页的左边，有一个 Try Databricks 按钮。单击这个按钮，打开建议你免费试用的页面，忽略其中的内容，直接单击 GET

STARTED 按钮，如图 3-1 所示[1]。

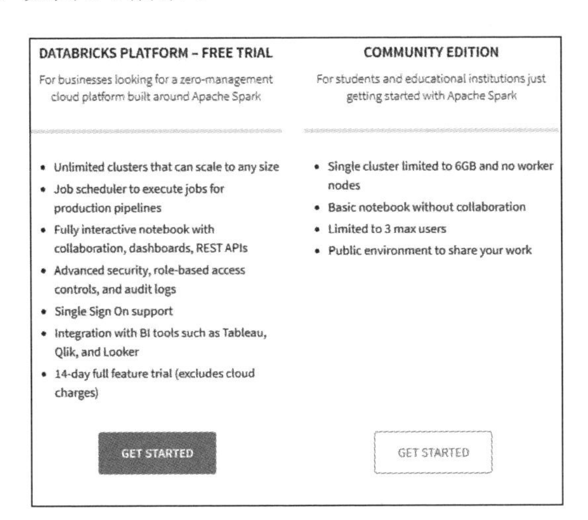

图 3-1　社区版提供了一个不错的途径，不用花钱就能熟悉 Databricks

填写要求你提供的信息，这旨在确认你不是机器人，如图 3-2 所示。在这个页面底部，有一个复选框，如果你想获取有关 Databricks 的信息，就选择这个复选框。我选择了这个复选框，但并没有收到大量的邮件，这说明 Databricks 不会给你发垃圾邮件。因此，可选择这个复选框，以获悉有关 Databricks 的最新情况。

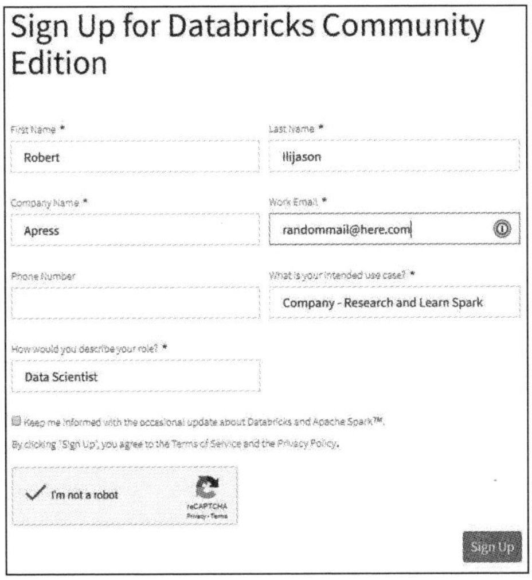

Sign Up for Databricks Community Edition

First Name * Robert
Last Name * Ilijason
Company Name * Apress
Work Email * randommail@here.com
Phone Number
What is your intended use case? * Company - Research and Learn Spark
How would you describe your role? * Data Scientist
Keep me informed with the occasional update about Databricks and Apache Spark™.
By clicking "Sign Up", you agree to the Terms of Service and the Privacy Policy.
I'm not a robot
Sign Up

图 3-2　如果在几分钟内没有收到邮件，别忘了查看垃圾邮件

1 当前，Databricks 官网的主界面已经发生了显著变化，不过读者依然可以根据界面引导进行试用。——译者注

务必指定你能够访问的电子邮件地址。过几分钟后查看你的邮箱，并查找来自 Databricks 的邮件。这封邮件中有一个链接，你需要单击它，以验证你提供的电子邮件地址是真实的。现在就这样做吧。

你将进入一个让你指定密码的页面。与众多其他服务一样，指定的密码必须达到一定的复杂程度：确保密码中至少包含一个大写字母、一个数字和一个特殊字符。指定密码后，你将进入自己的工作区。这样就准备就绪了。

3.3 梦寐以求的商业版

要使用如假包换的 Databricks，必须为此付费。虽然社区版很不错，但它并不能帮助你解决使用单机无法解决的问题。要充分发挥 Databricks 的威力，需要使用商业版。

当前，有两个选项——Amazon Web Services 和 Microsoft Azure，它们之间的差别很小。如果你当前正在使用这两个提供商中的某个，就接着使用它；如果没有，且你只是想使用 Databricks，完全可通过抛硬币来决定选择谁。如果你以前没有用过云产品，可能倾向于选择 Microsoft Azure，因为正如你将在本章后面看到的，它更容易上手。

不管选择哪家云提供商，都有三个特性集可供选择，这些特性集对作业的支持从简单到复杂依次为 Data Engineering Light、Data Engineering 和 Data Analytics，如图 3-3 所示。

	Data Engineering Light	Data Engineering	Data Analytics
Managed Apache Spark	✓	✓	✓
Job scheduling with libraries	✓	✓	✓
Job scheduling with Notebooks		✓	✓
Autopilot clusters		✓	✓
Databricks Runtime for ML		✓	✓
Managed MLflow		✓	✓
Managed Delta Lake		✓	✓
Interactive clusters			✓
Notebooks and collaboration			✓
Ecosystem integrations			✓

图 3-3 使用作业是一种不错的节流方式

Data Engineering Light 提供了核心特性和笔记本，但集群的规模是固定的。

还可在监控的情况下运行作业。这已经很强大了，基本上是用于在生产环境中运行关键作业的轻量级版本。

接下来是 Data Engineering，它在 Data Engineering Light 的基础上添加了很多特性。你能够通过笔记本调度作业，这意味着可轻松地完成工作流。集群是可伸缩的且能自动关闭，你还可使用机器学习功能以及 Delta Lake。如果你主要是在生产环境中独自工作，且需要使用大量的特性，可以选择 Data Engineering。

最高一级是 Data Analytics，它主要添加了协作特性：所有新增的特性都与团队合作和外部工具（如 RStudio）集成相关。因此，如果你是数据分析师团队的一员，可能应该选择 Data Analytics。

在这些基础包之上，还有一大堆与安全相关的选项，它们随云提供商而异。Microsoft Azure 通过 Premium 提供这些选项，而 Amazon Web Services 提供 Operational Security and Custom Deployment 提供这些选项。

不同选项之间的另一个差别是价格。很难准确地估算总价，但 Databricks 提供了一个计算器，可以给出大致的价格范围以及不同选项之间的价格差异。要获取详细的定价信息，参阅 Databricks 官网，在这里可获悉你选择的云提供商的价格。

编写本书期间，Data Engineer Light 的 Databricks 单元（Databricks Unit，DBU）价格为 0.07 美元，Data Engineer 的 DBU 价格为 0.15 美元，Data Analytics 的 DBU 价格为 0.40 美元。这些价格在上述两个云平台上是一样的，但只包含 Databricks 部分的费用，云资源则需要单独收费，且价格随平台而异。

例如，我计算过如下情况的费用：在 Amazon Web Services 上运行 4 个实例（配置 8 个 CPU 和 32GB 内存的 m4.2xlarge 机器），它们连续运行 20 天，每天运行 8 小时。最终的结果是，Data Engineering Light 的费用为 67 美元，Data Engineering 为 144 美元，而 Data Analytics 为 384 美元。相对于所获得的计算能力，这样的费用相当公道。

3.3.1 Amazon Web Services 上的 Databricks

最先引入 Databricks 的是 Amazon Web Services（AWS），因此 AWS 的 Databricks 运营经验最为丰富，它还提供社区版。AWS 是最大的云提供商，因此很多公司都坚定地选择 AWS。

从理论上说，在 AWS 上有两种运行 Databricks 的方式。虽然可以从 AWS

Marketplace购买Databricks，但更合算的选择是直接从Databricks网站购买，这样有更多选项，且只需单击一下按钮就可免费试用。如果你一定要从AWS购买Databricks，也是可行的，但这里没有采取这种做法。

着手购买Databricks前，需要指出一点，那就是在此过程中需要提供信用卡卡号，且两周的试用期过后，你将被自动加入付费用户行列。因此，如果你只是想试用一下，务必将试用的截止日期记录在日历上，以免出现超支情况。如果你配置了大型集群并使用它们处理大量数据，却忘记关闭它们或让它们自动停止，账单上的数字可能很快就变得非常大。

还需要有AWS账号，Databricks将在这个账号名下启动服务器并安装软件。如果你还没有AWS账号，可前往AWS官网创建。注意，Amazon经常给新用户提供免费资源，对初始使用大规模数据分析而言，最佳组合是免费试用Databricks和免费的AWS计算能力。

满足上述前提条件后，访问Databricks官网，再单击Databricks主页中的Try Databricks按钮。然后，单击Databricks Platform – Free Trial栏中的GET STARTED按钮，再填写问卷并确保没有遗漏必填的字段。在收到的邮件中，单击确认链接，再设置密码。

接下来，需要输入账单详情。同样，在这个页面中确保输入了所有必填的信息，再进入AWS Account Settings页面。在这个页面中，你将把Databricks关联到Amazon云服务，为此可使用跨账号角色（cross-account role），也可使用访问密钥（access key）。请选择使用跨账号角色，如图3-4所示，除非有充分的理由不这样做。

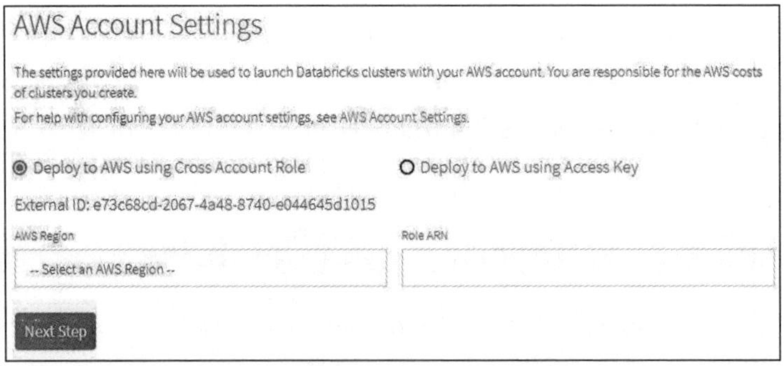

图3-4 最好使用跨账号角色，这也是默认选项

现在需要在AWS中创建跨账号角色。为此，将图3-4所示的Databricks页面

中的 External ID（外部 ID）字符串复制下来，并进入 AWS Account Console 页面。找到 Identity and Access Management（IAM）视图，再依次单击 Roles 和 Create Role。选择 Another AWS account，并在文本框 Account ID 中输入 414 351 767 826（实际不包括其中的空格，这里添加它们旨在便于阅读）。这是 AWS 系统中的 Databricks ID。

选择复选框 Require external ID，并在新出现的文本框中粘贴前面在 Databricks 页面中复制的外部 ID。不断单击 Next 按钮，直到进入 Review 页面。在这个页面中，你为新角色指定名称（如 Apress-Databricks），并结束角色创建过程。

接下来，在概览列表中选择这个新角色，再单击 Add inline policy。单击第二个标签（JSON），在这里，需要插入一大段文本。由于这段文本很长，这里没有列出，可在本书的在线配套网站获取这些文本。

将其粘贴到文本框中，再单击 Review policy，结果如图 3-5 所示。给策略指定一个名称，再单击 Create policy。在出现的小结页面中复制角色 ARN，再返回到 Databricks 网站，如图 3-4 所示。

图 3-5　策略信息

选择一个 AWS 区域（region），再将刚才在 AWS 中复制的角色 ARN 粘贴到右边的文本框中。至此，你将 AWS 账号关联到了 Databricks 账号，并确保拥有所有必要的权限，但尚未结束，还需要有存储数据的地方。

回到 AWS，找到 S3 服务并新建一个桶（bucket），确保它位于前面 Databricks 询问时你选择的区域中，如图 3-6 所示。然后，在 Databricks 页面 AWS Storage Settings 中输入这个桶的名称。

现在需要生成并复制策略。为此，回到 AWS 中的 S3 存储桶，依次单击存储桶名以及选项卡标签 Permissions 和 Bucket Policy。将复制的策略粘贴到文本框中并保存。在 Databricks 页面中，单击 Apply Change。最后，接受条款（当然是在阅读后）并单击 Deploy。

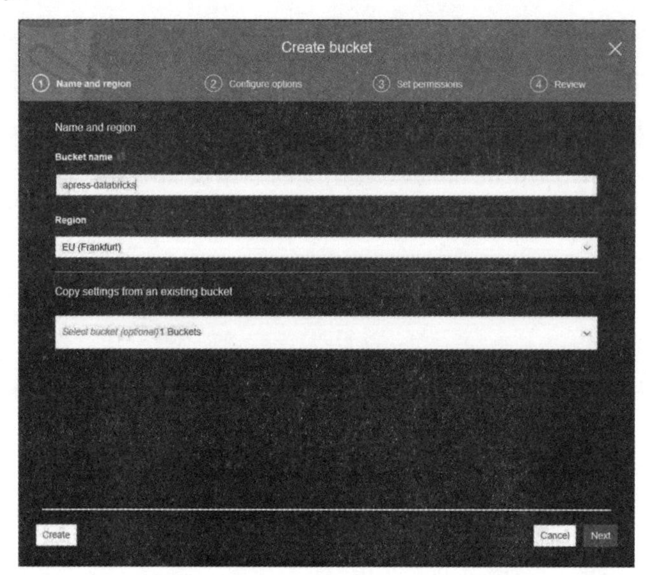

图 3-6 在云端无论创建什么，都务必给它指定描述性名称

等待相当长的时间（最长为 30 分钟）后，Databricks 就会配置好。配置好后，Deploy Databricks 页面中将有一个链接，单击这个链接将进入你的第一个工作区。

注意：如果你有试用账号，可访问主页并单击右上角的 Upgrade 按钮，这将直接进入前面提到的概览列表页面，但其他步骤与前面介绍的相同。

3.3.2 Azure Databricks

如果你认为在 AWS 上配置 Databricks 的步骤太多，得知在 Azure 上配置 Databricks 简单得多后一定会很高兴。另外，在 Azure 上配置 Databricks 的途径只有一个——通过 Azure Portal（门户）。因此，你根本不需要访问 Databricks 网站，直接访问 Azure Portal 即可。

请使用你的账号登录，如果没有账号，就创建一个。与 AWS 一样，Azure 也经常向新用户提供免费资源。请确保进入的是主门户视图。

进入主门户视图后，使用顶部的搜索框搜索 Azure Databricks。在搜索结果中选择 Azure Databricks，再单击页面中央的按钮 Create Azure Databricks Service。

在起始页面中，需要设置几项内容：工作区名称由你自己决定，订阅需要与信用卡相关联，位置应选择离你较近的。

你可创建新的资源组，也可使用既有的资源组。云架构策略不在本书的讨论范围之内，如果对此不确定，应使用新策略。最后一个选项用于将 Databricks 添加到你自己的虚拟网络中，这也不在本书的讨论范围内，但如果你有跨网络通信需求，就有必要好好考虑。

填写好所有内容后，单击 Create。选项卡 Notifications 中将出现一个进度条，请等待几分钟，再单击 Refresh，新建的工作区将出现在列表中。单击该工作区以显示详情页面，如图 3-7 所示，单击其中的 Launch Workspace 按钮以启动 Databricks。

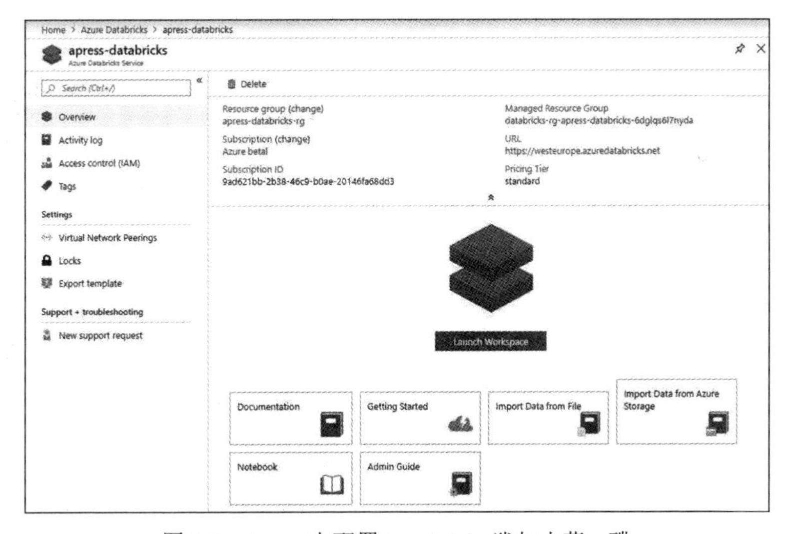

图 3-7　Azure 上配置 Databricks 犹如小菜一碟

这样就完成了，比在 AWS 上配置 Databricks 容易得多。有鉴于此，如果你对云和 Databricks 都不熟悉，推荐使用 Azure。在 Microsoft Azure 上，让 Databricks

运转起来所需的时间要短得多。

需要指出的是，在 Databricks 融资的过程中，Microsoft 购买了其少量股份，这可能就是它重视这款产品的原因，虽然其产品组合中还有其他类似的产品。

3.4 小结

本章介绍了各种 Databricks 版本，还介绍了如何在支持 Databricks 的两个云平台上让社区版和商业版运转起来。

在你喜欢的云平台上让 Databricks 系统准备就绪后，该来熟悉这个环境了，这正是第 4 章将讨论的内容。

第4章 工作区、集群和笔记本

你终于在选择的云平台上让 Databricks 运转起来了。从用户界面（user interface，UI）的角度看，选择云平台 AWS 还是 Azure 关系不大，因为在这两个平台上，Databricks 的外观是一样的。

使用 Databricks 时，你将同工作区、集群、笔记本等打交道。本章将引导你熟悉并开始尝试使用它们，它们是你在 Databricks UI 中漫游时的重要路标。

到目前为止，创建的是 Databricks 工作区。各个工作区是互相隔离的完整工作环境，因此，当你搭建集群、在笔记本中编程以及管理用户时，都被限定在特定的工作区内。

下面深入介绍在 Databricks 环境中能做些什么。我们先总体感受一下这款工具是如何工作的。实际上，面对如此复杂的技术，却能以如此简单的方式呈现，堪称神奇。

4.1 在 UI 中漫游

启动 Databricks 后，先出现的是起始页面，如图 4-1 所示。在这个页面的左端，是一个小型工具栏，其中包含几个链接到 Databricks 特性的按钮。在页面顶端，是云账号的链接。在该链接的右下方，是文档和用户账号的链接。在该页面的中央，是一系列各种功能的快速链接。

先介绍中央部分，这里只是一些快捷方式。上半部分是三个链接，分别用于查看快速入门指南、使用导入特性以及创建笔记本，后面将更详细地介绍。下半部分分三栏，其中第一栏用于执行常见的任务，第二栏列出了最近打开的文件，而第三栏是文档的链接，这些内容都是不言自明的。

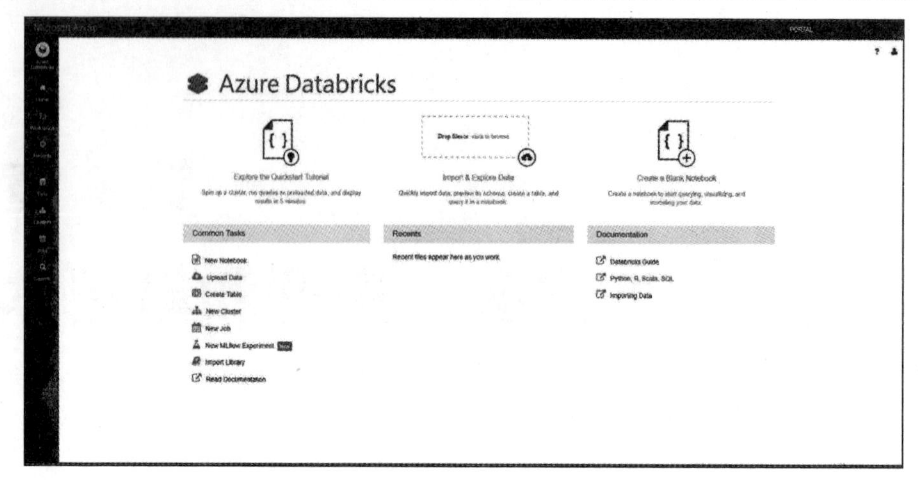

图 4-1 Databricks 是一款云服务，其 UI 每个月都可能发生变化，
这个页面图是 2020 年 12 月 19 日截取的

虽然在其他页面也能完成这里列出的任务，但我经常回到这个页面来创建空白笔记本。另外，这里还列出了最近打开的文件，方便你继续完成之前未完成的工作。

在大多数情况下，你都将使用左边的工具栏来访问特性和文档。这个工具栏始终是显示的，单击其中大多数按钮都不会重定向到其他页面，而是在当前页面之上打开一个对话框。然而，没有标识指出单击哪些按钮会打开对话框，哪些按钮会替换工作区，但很快就会知道的。

单击最上面的按钮 Databricks 会重定向到这里显示的起始页面。单击按钮 Home 和 Workspace 都会打开用于存储文件的文件夹结构，差别在于，单击按钮 Home 会切换到你的根文件夹，而单击按钮 Workspace 会切换到你最后一次关闭这个工具栏时所在的位置。

后面将更详细地介绍文件夹结构，这里只介绍比较有趣的两点。其一，在根文件夹下，有包含文档和培训材料的文件夹。其二，在根文件夹下还有文件夹 Shared，虽然并非必须使用这个文件夹来存储共享材料，但这样做是不错的选择，因为它是默认存在的。

你可能猜到了，单击 Recents 会打开一个列表，其中包含最近访问过的文件和视图。可惜这只是一个链接列表，没有显示任何元数据，因此对于其中列出的文档，无法从中知道你在什么时候访问过。

接下来是你可能经常使用的 Data 按钮，它列出所有的数据库以及其中的表，数据库也称为模式（schema）。它只列出存储在 Metastore 中的内容，因此不会显示数据湖中的文本文件。有关这个主题将在第 5 章更详细地介绍。

接下来的两个按钮与其他按钮不同，单击它们会在主视图中打开新页面。因此，在笔记本中工作时，如果单击按钮 Clusters 或 Jobs，主工作窗口显示的内容会发生变化。如果你不小心误单击了这两个按钮，可使用浏览器上的后退按钮返回到原始位置。

按钮 Clusters 用于定义和处理 Databricks 底层引擎。通过单击这个按钮，可告知系统需要多少处理器核心和内存，还可在集群和池之间切换，稍后我们就将尝试这样做。

按钮 Jobs 的用途将在第 11 章深入介绍，它让你能够调度已完成作业，既可以反复执行，也可以在指定的时间执行。你需要指定执行什么、由哪个集群执行以及按什么样的时间表执行，而 Databricks 将确保作业得以按时执行。使用这个按钮还可跟踪作业执行期间发生的情况。

最后，按钮 Search 让你能够在文件夹结构中搜索文档、文件夹或用户。对于归属于同一个项目的文件，如果使用了相同的文件名前缀，这个按钮将很好用，因为即便将这些文件放在了不同的子文件夹中，也可使用这个按钮同时列出它们。

注意，如果你要在文档或 Databricks 论坛中搜索，可单击页面右上角的问号。这将在 Web 浏览器中新建一个选项卡，并在其中显示搜索结果。

在导航方面，有些特性不太容易注意到。在页面中央偏下的地方，有用于前进和后退的箭头，边缘上有小手柄，可通过拖曳来调整窗口的大小（只在箭头旁边有这样的小手柄）。对话框右上角有图钉图标，你可通过单击它来锁定对话框，使其始终打开，这将导致工作区域向右移动。以上这些特性都不太容易发现。在用户界面方面，Databricks 还有不少需要改进的地方。

在页面右上角，有个半人像图标，它隐藏着其他一系列特性。这是你的个人画像，如果单击这个图标，将看到几个入口点，但在日常的数据探索中，不太会用到它们。

用户管理能够设置版本控制、获取 API 密钥以及设置与笔记本行为相关的个人偏好。有关密钥和版本控制，将在后面更详细地介绍。

如果你有管理员权限，还可看到按钮 Admin Console。单击 Admin Console 可设置用户、组和安全选项，还可清除日志及清空回收站。通常不会频繁地清空回收站，因为这主要是为了清除不应再保留在系统中的信息，例如，可能出于数据保护要求而清空回收站。

如果你有多个工作区，工具栏末尾将有一个列表，其中包含这些工作区的链接。这提供了一种在项目之间快速切换的途径，但切换不会导致窗口内容发生变化，而是显示另一个选项卡。尽管如此，这也不失为不错的快捷方式。

你还可注销账号。你可能不会频繁地注销，但借用他人的计算机时，使用完后务必从 Databricks 注销，以防有人冒用你的账号访问数据。

有关用户界面的基本知识就介绍到这里，其中涉及的细节很多，后面将更详细地介绍。但愿这些知识足以在让你 Databricks 中探索。接下来，我们开始使用各种 Databricks 组件。无论你要做什么，都得先发动引擎，因此下面先让集群运转起来。

4.2 集群

Databricks 的核心无疑是处理能力（集群），不仅运行代码离不开它，要关联到底层 Databricks 文件系统也离不开它。创建集群很容易，只需给它命名，再单击 Create Cluster 按钮。可指定的选项有很多，但对大多数小型应用场景来说，默认设置不仅足够好，也是不错的尝试起点。

在图 4-2 所示的页面中，只修改了 Cluster Name 字段，其他设置都是默认的，这意味着创建的集群将是你可搭建的最小集群。稍后将看到，即便是最小的集群，威力也相当了得。

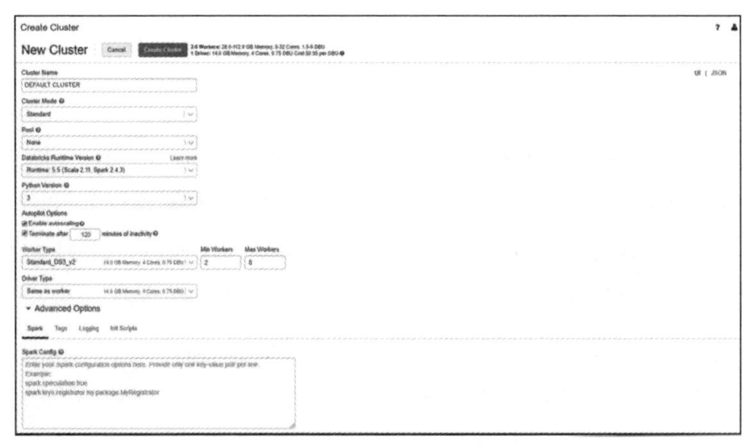

图4-2 注意，在不同的云平台上，选项存在细微的差别，这里的截图是在 Azure 上截取的

我们按从上往下的顺序依次讲解各个选项。在选项 Cluster Mode（集群模式）中，可指定集群为 Standard（标准）集群还是 High-Concurrency（高并发）集群。对于有很多用户同时使用的集群，应将其指定为 High-Concurrency。高并发并非理想选择，但有时候必须这样。更重要的是，要实现第 10 章将介绍的表访问控制（Table Access Control），集群必须是高并发的。

接下来，需要决定是否要将集群放在资源池（pool）中。这是 Databricks 引入的一个新概念，旨在准备好资源，以加快集群的启动速度。将集群放在资源池中是不错的选择，因为如果不这样做，集群的启动速度会很慢，但注意是否会增加开支，因为为了支持这个选项，需要加固云端中的机器。而对于位于资源池中但处于空闲状态的集群，Databricks 不会收取任何费用。

运行时（runtime）版本设置起来很容易，只需根据具体情况选择合适的 Databricks、Scala、Spark 的组合。通常，应该可以运行最新的版本，但为了确保代码随着时间的流逝依然能够正确运行，最好选择长期支持（long term supported，LTS）版本。需要注意的是，较旧的版本提供的特性没有较新的版本那么多。

对于 Python，应选择版本 3。注意，不要再使用 Python 2 了，现在没有理由再使用它，它已被摒弃。如果你还习惯使用 Python 2，设法改了吧。对于较旧的 Databricks 运行时版本，确实可以选择 Python 2，但不要这样做。Python 社区已决定跨过这一版本，你也该如此。事实上，从 Databricks 6 起，就不再支持 Python 2。

接下来的 4 个选项彼此之间联系紧密。Driver Type（驱动器类型）决定了驱动器节点的威力有多大，如果你展开相关的视图，将发现有大量的选项，这些选项的内存大小和处理器数量设置各异。有些选项甚至提供了图形处理单元（GPU），它们主要用于深度学习。对于有些类别，还可单击选项 More，这将显示一个非常长的列表。

选项 Worker Type（工作节点类型）与 Driver Type 类似，但用于设置工作节点。差别在于，你可以指定需要多少个工作节点。如果没有选择复选框 Enable autoscaling，将只有一个用于指定工作节点数量的文本框；如果选择了复选框 Enable autoscaling，将有两个文本框，分别用于指定工作节点数量的下限和上限。在你选择了复选框 Enable autoscaling 的情况下，Databricks 将根据当前的工作负载自动扩缩。从节省开支的角度看，自动扩缩是好事，但需要知道的是，扩缩存在延迟。通常，这不会有问题，但在有些情况下会让人抓狂。

复选框 Terminate after minutes of inactivity 是 Databricks 提供的绝佳特性之一。如果你搭建了一个非自动扩缩的大型集群，并将它抛于脑后，收到账单时你肯定会惊醒。这个复选框让你能够告知 Databricks，对于在指定时间内始终出于非活动状态的集群，需要将其关闭，真乃开支节省神器。

对于 Advanced Options（高级选项），也有很多需要修改的地方，这里不详细介绍，但后面将在合适的地方介绍。就目前而言，你只需知道存在这些高级选项。

最后，注意到右上角有两个奇怪的链接：UI 和 JSON。实际上，可手动设置集群并保存其配置文件，也可直接编辑配置文件。需要在集群之间复制设置时，直接编辑配置文件很有用。

配置好集群后，它将出现在概览列表中，如图 4-3 所示。左边列出了集群的名称、状态、机器类型以及节点数量；右边是一些控制选项，其中包括启动、停止和重启集群的按钮。使用 Databricks 时，经常需要查看概览列表。

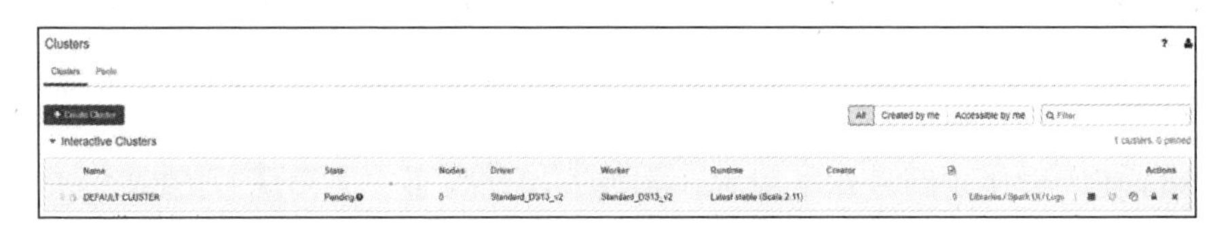

图 4-3 左边旋转的绿色圆圈表明集群状态正常

使用默认设置创建一个集群并等待它启动，集群被创建后会自动启动。你需要让这个集群处于活动状态，因为 4.3 节研究数据视图时，需要有集群。如果集群没有启动，别忘了在阅读前启动它。

4.3 数据

通过单击工具栏中的 Data 按钮，可查看存储在 Metastore 中的数据。第一栏列出了所有数据库。如果单击其中一个数据库，第二栏将列出该数据库中的所有表。如果单击其中一个表，主工作视图中将显示有关这个表的详细信息。

在没有创建数据库的情况下，只有一个数据库，名为 default。虽然默认就有这个数据库，但不应过多地使用它，因为将数据存储在有描述性名称的数据库中更合适，即便当前工作区只有你一个人使用亦如此。通过将表放在一起，有助于你以后在回过头来看时还记得它们是做什么用的。

在这个弹出式视图中，还有一个 Add Data 按钮，单击它将打开一个导入视图，让你能够以半图形方式加载数据。这个 Web 界面不是很友好，但让你能够直接将位于多个不同数据源中的数据载入 Databricks，尤其适合用来加载简单的小型数据集，如 CSV（逗号分隔的值）文件。下面来尝试加载一些位于客户端的数据。

先下载文件 meat_consumption_kg_meat_per_capita_per_country.csv，再确保选择了 Upload File（上传文件），并将这个文件拖放到指定空间（也可单击 Browse，并在你的计算机中找到这个文件）。这个文件将传输到云端。单击 Create Table with UI，选择集群，再单击 Preview Table，这将在视图中预览数据，同时在旁边显示了一些选项，如图 4-4 所示。

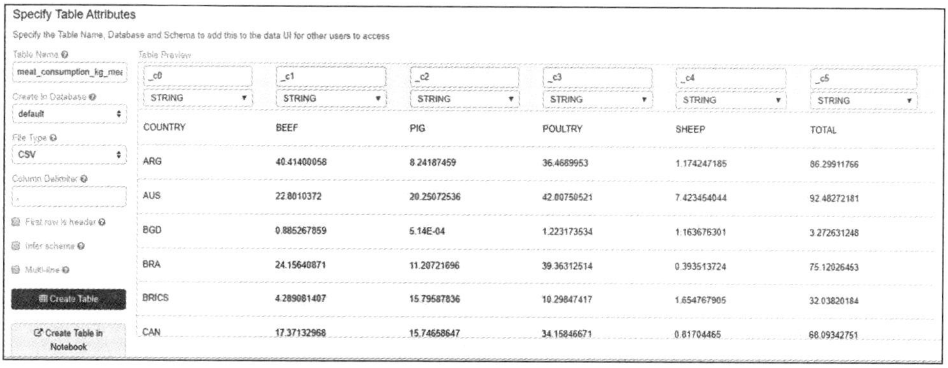

Specify Table Attributes

Specify the Table Name, Database and Schema to add this to the data UI for other users to access

Table Name: meat_consumption_kg_mea
Create In Database: default
File Type: CSV
Column Delimiter: ,
First row is header
Infer schema
Multi-line
Create Table
Create Table in Notebook

Table Preview

_c0	_c1	_c2	_c3	_c4	_c5
STRING	STRING	STRING	STRING	STRING	STRING
COUNTRY	BEEF	PIG	POULTRY	SHEEP	TOTAL
ARG	40.41400058	8.24187459	36.4689953	1.174247185	86.29911766
AUS	22.8010372	20.25072536	42.00750521	7.423454044	92.48272181
BGD	0.885267859	5.14E-04	1.223173534	1.163676301	3.272631248
BRA	24.15640871	11.20721696	39.36312514	0.393513724	75.12026463
BRICS	4.289081407	15.79587836	10.29847417	1.654767905	32.03820184
CAN	17.37132968	15.74658647	34.15846671	0.81704465	68.09342751

图 4-4 熟悉数据导入后，直接在笔记本中导入数据通常更容易

正如所见，显示了一个表头，列的类型各不相同，而不仅仅是字符串。选择复选框 First row is header 和 Infer schema，等待几秒后，将发现表头和列的数据类型都是正确的。如果你想手动修改，当然没问题。最后，单击 Create Table 按钮。

现在如果回到 Data 视图并单击数据库 default，将发现其中的表是正确的。单击这个表，以查看有关它的详细信息以及几个示例行。现在，集群运转起来了，数据也已准备就绪了，该来查看数据了，为此我们将使用笔记本。

4.4　笔记本

实际的数据处理工作（包括数据导入）是在笔记本中进行的，至少大多数情况下是这样的。正如你将在后面看到的，实际上，可从外部工具连接到Databricks，并将其用作Apache Spark引擎，但笔记本是与Databricks交流的主要方式。

目前，Databricks支持在笔记本中使用4种语言：Python、R、Scala和SQL。其中，Python和SQL获得的支持最为完善（从安全特性的角度说），而Scala属于原生语言。然而，这些语言得到的支持都很完善，因此，除非有特殊要求，你应使用自己最得心应手的语言。有关这些语言在获得支持方面的差别，将在第10章介绍。

我们来尝试使用其中一种语言。为此，单击左上角的Databricks徽标，切换到起始页面，再单击Create a Blank Notebook（创建一个空笔记本）。将笔记本命名为Hello World，并将SQL作为主要语言。几秒后，将创建工作区域，而光标位于笔记本的第一个文本框中，如图4-5所示。

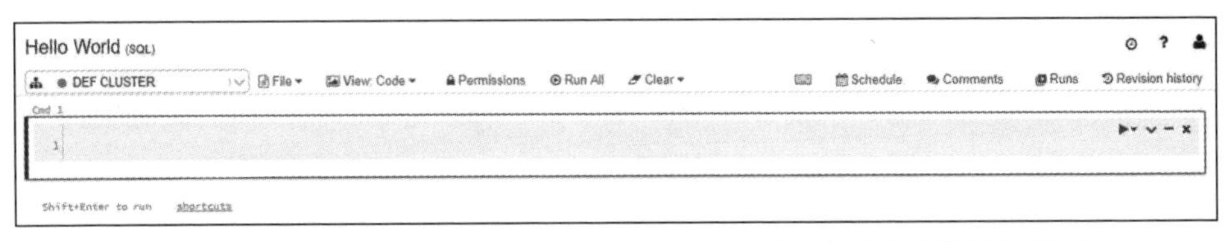

图4-5　注意，如果你使用的是国际键盘，并非所有的键盘快捷键都管用

如果仔细观察，将发现页面上有大量的信息和特性。在最上面，列出了笔记本的名称以及使用的主要语言。在这些信息的下方，是连接的集群（以及用于更换集群的选项）、几个分立的菜单以及一组菜单。主要部分是输入窗口（这个窗口被称为单元格），供你用来输入代码。

输入下面的命令，再单击单元格右边的播放按钮。这将打开一个下拉式列表，从中选择Run Cell（运行单元格）。这将执行这个单元格中的所有代码（这里只有一个命令）：

```
select * from meat_consumption_kg_meat_per_capita_per_country_csv;
```

这个命令被发送给集群进行处理，而结果以网格方式返回。单元格中出现了滚动条，可通过拖曳右下角的小箭头来调整单元格的尺寸。

这挺好的，但每次要执行命令时都需要使用鼠标单击两个按钮，这有点不太方便。我们来学习一个快捷键：确保光标位于选择的单元格内，再按 Ctrl + Enter 键。这将执行单元格中的命令，是不是比单击按钮方便得多？

另一个小技巧是使用自动补全功能。在有些情况下，如果你输入开头几个字符后按 Tab 键，Databricks 可能会提供帮助。在前面的示例中，只需输入“meat”并按 Tab 键，将自动补全完整的表名。真是帮大忙了。

然而，只有一个单元格存在一定的局限性。我们再创建一个单元格：将光标指向这个单元格下边缘的中央，等出现加号后单击它。输入并执行下面的命令：

```
select count(*) from meat_consumption_kg_meat_per_capita_per_country_csv;
```

这就是单元格的强大威力。大致而言，可一个接一个地执行命令，并在两次执行命令期间查看输出。因此，完成一部分工作后，可先离开单元格，去为完成下一部分工作做准备。如果你不想按顺序执行命令，也可不这样做，但按顺序执行有助于搞明白执行效果。

当然单元格也是可以被删除的，为此只需单击其右上角的×按钮。通过单击向下的箭头，可显示一系列命令，其中包含单元格移动命令，如果你愿意，可使用它们来调整单元格的顺序。在阅读本书的过程中，你将顺便学习大量单元格使用技巧。

有一个特别酷的特性必须了解。这个笔记本的主语言是 SQL，但如果你要在其中运行 Python 代码，也是可以的。为此，可使用魔法命令（magic command）。新建一个单元格，并在其中输入如下代码行：

```
%python
df = spark.sql('select * from meat_consumption_kg_meat_per_capita_per_
country_csv')
display(df)
```

第 1 行（%python）告知 Databricks，这个单元格将执行 Python 代码，而不是 SQL 代码。魔法命令%scala、%r 和%sql 与此类似，分别表示相应的语言，还有%sh、%fs 和%md，它们分别表示 shell 脚本、文件系统和 Markdown 文档。后面还会遇到这些魔法命令。下面来尝试编写一些说明，指出我们做了些什么。在最顶端添加一个单元格，并在其中输入如下内容：

```
%md
# Hello World
```

这样就在开头添加了一个标题，真不错。在任何情况下，在文档中包含注释和思路都是不错的主意，即便只有你会查看该文档亦如此。等你以后回过头来查看文档时，角度可能与编写时不同。编写详尽的文档吧，这是在帮你自己。

我们再来添加一个小图表。在最先运行的单元格中，找到左下角的图表按钮，并单击它。结果将变成一个条形图。如果你更喜欢网格视图，只需单击图表按钮左边的按钮。在 Plot Options 的另一边，有一个向下的箭头，可用来下载 CSV 格式的结果，如果你想在 Excel 或 QlikView 中鼓捣结果，可单击这个箭头。

可见，对处理数据而言，这样的工作方式真的特别好。挑选一些信息，鼓捣鼓捣后看看，再鼓捣鼓捣后看看，绘制一些图表，对数据运行算法，等等。每次都在一个单元格中执行任务，这使得很容易建立可重复的流程。完工后，你可按从上到下的顺序运行所有的单元格。在单元格之间添加文档，让其他人也能够跟着你的思路走。

在笔记本中工作时，有一点需要牢记，那就是状态。当你运行代码时，Databricks 会记录状态。通过将状态存储到变量中，可在后续的单元格中使用它（如果不是按顺序执行的，也可在前面的单元格中使用）。但关闭集群后，所有状态将消失，一切都得从头再来。

如果想手动清除状态，页面顶端有一个用于完成这种任务的按钮。在前述下拉列表中，也有相关的选项，它清空结果窗格（即清除一切并从头开始重新运行）。显然，选项 Run All 按从上往下的顺序运行所有单元格。

需要说明的另外一点是，如果单击右上角的 Revision history，将发现你做的所有工作都被记录下来了。可单击任何列表项，以查看对应时段的笔记本，这很有帮助。查看旧版本后，可单击 Exit，但如果要恢复到这个版本，可单击 Restore this revision。

有了执行任务所需的工具后，需要使用某种语言来鼓捣数据，因此接下来将介绍在 Apache Spark 中，经典的 SQL 是如何工作的。

4.5 小结

本章对 Databricks 的界面做了简单介绍。你学习了如何在工作区中导航，并找出了所有核心特性。接下来，创建了一个集群，打开了一个笔记本，并运行了一些代码。

然后，本章介绍了 Databricks 的核心输入字段——单元格。在此过程中，你学习了有关代码执行、图表、状态等方面的知识。另外，本章还介绍了可用来对所做的工作进行说明的各种魔法命令。

稍后将更深入的介绍如何编写代码，为此需要一些数据。因此，第 5 章将介绍如何将信息导入 Databricks 中。

第 5 章
将数据载入 Databricks

除非有要处理的数据，否则全世界的处理能力都毫无用处。本章介绍将数据导入 Databricks 的各种方法，还将深入探讨在数据分析工作中可能遇到的文件类型。

为了让你对 Databricks 如何存储数据有更深入的认识，将研究 Databricks 自己的文件系统——Databricks 文件系统。有了这方面的知识后，你将学习如何从 Web、文件和数据湖获取数据。

如果能够一直访问数据源，从中获取数据将更容易。因此，本章将介绍如何将基于云的存储附接到 Databricks，从而能够像使用本地文件系统那样使用它。这让你的工作更轻松。

最后，本章将来个 180 度的大转弯，介绍如何从 Databricks 提取信息。阅读本章后，你将具备所有必要的知识，以处理各种数据源中的原始格式数据。

5.1 Databricks 文件系统

在 Apache Spark 集群中处理数据的方式有点特别，因为存储不是持久性的。信息必须保存到存储集群中，以防它们因重启集群而丢失。在本地安装 Apache Spark 时，很多情况下使用 Hadoop 分布式文件系统来完成这种任务，但 Databricks 提供了自己的解决方案。

为了支持数据处理，Databricks 有自己的文件系统——Databricks 文件系统（DBFS）。它是分布式的，兼顾速度和弹性。每当创建新的工作区时，都会自动创建与之关联的 DBFS。

DBFS 是持久性存储，这意味着即便你关闭所有的集群，DBFS 中的数据也不会丢失。因此，需要导出文件时，最好将其导出到 DBFS，而不要导出到集群驱动器，否则集群关闭后，这些数据将被清除。

另外，你可挂载（或连接）外部数据源中的其他文件系统，这让你能够附接数据湖文件夹，并像使用 DBFS 中的文件那样使用其中的文件。稍后将看到，这为加载数据提供了极大的便利。

虽然 DBFS 的底层技术比较复杂，但接口非常简单，就像以往的其他文件系统一样。所有集群技术都被隐藏了，因此文件看起来像是存储在文件夹中，只需使用简单的命令就可导航文件。

访问 DBFS 的方式很多，可使用 Databricks CLI、多种 API 以及 Databricks 提供的 dbutils 包。接下来的几章主要使用最后一种方式，但后面将介绍其他方式。

5.1.1 文件系统导航

由于 DBFS 底层的操作系统为 Linux，因此导航文件夹结构的方式与其他 Linux 系统相同。熟悉 Linux 文件系统的读者知道它与其他文件系统很像，也使用文件夹来存储文件。

在导航方面，Linux 文件系统与其他文件系统的最大不同之处在于，Windows 将驱动器作为根文件夹，而 Linux 目录结构的起点为“/”。在 Linux 目录结构中，底层是“/”，所有文件夹路径都以此为起点。

通常，最好将文件放在目录树结构的较高层，而不要将其放在根文件夹中。虽然将文件存储在根文件夹中也可以，但如果这样做，文件系统很快就会变得凌乱不堪，导致难以查找文件。强烈建议使用文件夹来将文件分组，并给文件夹指定描述性名称。下面是 Linux 系统中的文件路径的示例：

```
/home/Robert/Databricks/MyProjects/Education/MyFile.py
```

为了探索 DBFS，还需要知道如何在其中导航。前面说过，导航方式有很多，我们将从最简单的方式着手——在笔记本中使用魔法命令。

如果你使用过 Linux 系统或其他类型的 UNIX 系统，肯定熟悉这里使用的命令，这不是巧合。Databricks 运行在 Ubuntu（最流行的 Linux 发行版之一）之上，因此对于在 Ubuntu 能做的事情，在 Databricks 大都也能做。下面来看看文件系统是什么样的。

先创建一个笔记本，并将主语言指定为 Python。对魔法命令来说，主语言是什么无关紧要，但这里还要探索 dbutils 包，因此将主语言设置为 Python，这样能够更轻松地使用这个包。我们来看看根文件夹中有什么：

```
%fs ls /
```

% fs 告知 Databricks，应对 DBFS 运行接下来的命令。先运行的是列出命令 ls，其中第一个参数指定要查看哪个文件夹。

前面说过，“/”表示根文件夹，即文件夹结构的底层。在这里，有很多默认创建的文件夹：FileStore（5.1.2 节将介绍）、databricks-datasets 和 databricks-results。

文件夹 databricks-datasets 包含很多公有数据集，可使用它们来尝试各种特性。后面将使用这里的一些数据集，但现在可仔细研究这个文件夹，看看在不下载外部数据的情况下，有哪些数据集可供鼓捣。

当你在笔记本中工作并决定下载完整的查询结果时，Databricks 将创建一个 CSV（逗号分隔的值）文件，将其存储在文件夹 databricks-results 中，再发送到浏览器。

我们更深入探索文件夹结构，并看看还能做些什么，例如，可浏览文件夹 databricks-datasets，看看其中有些什么，还可再往下挖掘一层：

```
%fs ls /databricks-datasets/
%fs ls /databricks-datasets/airlines/
%fs head /databricks-datasets/airlines/README.md
```

这里首先查看数据集列表；然后列出了包含航班示例的文件夹的内容；最后，使用另一个命令（head）查看这个文件夹中的文件 README.md 的内容。还有很多其他可使用的命令，如 cp（copy 的缩写）：

```
%fs cp /databricks-datasets/airlines/README.md /
```

在这里，将文件 README.md 复制到了目标文件夹/（根文件夹）。在前面的讨论中说过，不要将文件放在根文件夹中，因此下面使用命令 rm（表示 remove）将这个文件删除。使用命令 rm 时，务必万分小心，因为它可能删除大量数据，导致节点和集群都发生崩溃。

```
%fs rm /README.md
```

还有另外几个可以这种方式使用的命令，例如，可以创建文件夹、移动文件以及挂载文件系统。如果你忘记了可用这些命令做些什么，可在单元格中输入

%fs，再运行这个单元格，以获取有关这方面的描述。

这样做时还将发现魔法命令只是快捷方式，在幕后实际执行的是 dbutils 包。如果你愿意，也可直接使用这个包，其用法与前面执行命令的方法类似：只需调用这个包中的函数，并将文件和文件夹作为参数。

```
dbutils.fs.ls("/databricks-datasets")
dbutils.fs.head("/databricks-datasets/airlines/README.md")
```

使用 dbutils 包的好处是，可在代码中使用它。因此，如果要遍历某个文件夹中的所有文件，可根据命令 ls 的运行结果执行相应的循环：

```
files = dbutils.fs.ls("/")
for f in files:
  print(f.name)
```

也可不使用循环，而使用下面的列表推导式，这样只需编写一行代码。注意，本书不会使用列表推导式，因为对编程新手来说，它理解起来稍微有点难，然而，不要因此就不选择自己喜欢的做法。

```
x = [print(f.name) for f in dbutils.fs.ls("/")]
```

这里的代码与前面的代码等效，但将结果赋给了变量 x。虽然代码行更少，但理解起来更难些，即便对于这样简单的示例亦如此，对于更复杂的循环，这种情况将更为明显。

5.1.2 FileStore——通往自有数据的门户

前面说过，文件夹 FileStore 比较特殊，其中最重要的一点是，对于存放在这里的所有数据，都可通过 Web 浏览器来访问，因此可将其作为一种权宜之计，让系统中的数据可供外部使用。

实际上，对于文件系统中的任何文件夹，都可这样处理，但访问其中的数据时需要登录。文件夹 FileStore 中的内容几乎是可随意访问的，正如本章后面将讨论的，这提供了极大的方便，但千万别忘了，这些数据是暴露在风险中的。

另外，对于要在笔记本中显示的对象，可将其存放在文件夹 FileStore 中。你可能想在笔记本开头显示公司徽标，为此可将其放在 FileStore 中的一个子文件夹中（如/FileStore/images/logo.png），并在笔记本中使用命令 displayHTML 来访问它。注意，指定路径时，需要将 FileStore 替换为 files：

```
displayHTML("<img src = '/files/images/logo.png'>")
```

后面将更详细地介绍这种特性。就目前而言，只需记住FileStore不同于DBFS中的其他文件夹，可使用它来移动数据和存储资产。

5.2 模式、数据库和表

虽然在大多数数据库中，数据最终都存储在文件中，但与数据交互时，并不直接与文件打交道（至少对结构化数据来说如此），而与数据库中的表打交道。

我们来澄清几个术语。在 Databricks 中，表相当于 Apache Spark 中的 DataFrame，它是一种类似于传统电子表格的二维结构。这种结构由行组成，而行中的数据由列定义。

相对于电子表格，表最大的不同在于对数据的格式有严格要求。表中数据的结构称为模式（schema），它指定了数据是什么样的以及各列的数据类型和取值限制。例如，模式可能指定第 3 列为包含 3 位有效数字的数值。不符合规定的数据不能添加到表中。

表可以是局部的，也可以是全局的。主要差别在于，全局表是持久性的，存储在（稍后将讨论的）Hive Metastore 中，可供所有的集群使用，而局部表也称为临时表，只能在本地集群中使用。

非结构化数据

有时你会听人说起非结构化数据，这通常并不意味着数据真的是非结构化的，而只是表示数据难以适应模式，至少难以以合理的方式适应模式。

书面语就是这样的一个例子，如你正在阅读的内容。语言存在一定的结构，但这种结构难以定义，因此无法使用传统数据库中的模式来定义。

Databricks 很擅长处理海量文本数据，但在这种应用场景中，很可能不会使用这里介绍的表，而直接使用文件系统。如果一定要使用表，很可能将原始文本放在一列中，并使用其他列来存储元数据。

在不同的产品中，数据库的概念稍有不同。在 Databricks 中，数据库指的是一个逻辑上的容器，其中包含一系列的表。你可使用数据库来分隔不同用户、项目等的表。

通过将不同用户或项目的表分隔开，可以使用多个同名的表。例如，你可能为项目 A 和 B 分别创建一个数据库，这样就可在这两个数据库中都创建名为

SALE 的表。这些表是不同的表，因为属于不同的数据库。

5.2.1 Hive Metastore

有关表、列、数据类型等方面的信息都存储在一个关系型数据库中，Databricks 使用这个数据库来跟踪元数据。具体地说，Databricks 使用 Hive Metastore 来存储有关所有全局表的信息。

你使用这个数据库来了解表包含哪些列以及相关的文件存储在什么地方。注意，Hive Metastore 只存储了有关表的信息，而没有存储实际数据。

如果你所在的单位正在使用 Hive Metastore，可连接到它，但如何连接不在本书的讨论范围内。大多数用户都不会这样做，如果你也要这样做，可在 Databricks Documentation 页面中搜索 external hive metastore 进行查阅。

Apache Spark SQL 对 Hive 的兼容性很强，它支持 Hive 的大部分函数和类型，但有些特性不支持。这方面的工作还未最终完成，如果你想了解详情，可在 Databricks Documentation 页面中搜索 unsupported hive functionality 进行查阅。

5.3 各种类型的数据源文件

知道 Databricks 将信息存储在什么地方后，就可以开始查看信息了。数据要么是在 Databricks 中创建的，要么是在其他地方创建再传输并加载到 Databricks 中的。导入数据时，需要对文件类型有一定的了解。

虽然可用的文件类型有很多，但通常只会接触到常见的几种。在靠数据驱动的领域，通常会遇到 Parquet、Avro、ORC、JSON、XML，当然还有带分隔符的文件，如 CSV。

当前，在系统之间传输数据的最常见的方式是使用带分隔符的文件。这是解决一个古老问题的经典解决方案。你很可能遇到过 CSV 文件，其内容是逗号分隔的值（comma-separated value，CSV）。这种文件的内容通常类似于下面这样：

```
Country,City,Year,Month,Day,Sale Amount
Denmark,Copenhagen,2020,01,15,22678.00
```

这种数据格式有如下一些优点。（1）适合阅读；（2）数据添加起来很容易；（3）最重要的是，几乎所有的数据工具（无论是供企业还是个人使用的）都能够读取它们，从Excel和Access到Oracle RDBMS和Qlik Sense。为此，只需指定文件的位置并加载。

几乎所有工具都提供了写入CSV文件的方式，有鉴于此，CSV是默认选择的文件格式。当请求他人提供数据时，他们能够立即提供的通常是带分隔符的文件。只需就要使用的分隔符达成一致，便万事大吉了。

然而，CSV（或者说所有带分隔符的文件）也存在很多问题：压缩时需要手工处理、数据可能包含分隔符、难以验证一致性、没有内置模式等。加载这些类型的文件很痛苦，应尽可能避免，但很可能无法完全避免，因为网上的数据大都是以分隔的格式提供的。

一种稍好的替代方案是使用JavaScript对象表示法（JSON）。与带分隔符的文件类似，这种文件也易于阅读，同时还添加了少量数据描述信息。这种格式支持模式，但很少使用。

JSON可能是基于REST的Web服务(及炙手可热的微服务)最常用的格式，因此连接到Web上的数据源时，返回的很可能是JSON对象。JSON文件的内容类似于下面这样：

```
{
  "pets":[
  { "animal":"cat", "name":"Tigger" }
 ]
}
```

问题是JSON常常是嵌套的，因此不是二维的。如果要将数据存储到传统的数据库表中，分析起来可能稍难些。Databricks能够创建基于JSON的表，但这种表使用起来要比DataFrames麻烦些。

有关JSON的说法大都适用于可扩展的标记语言（extensive markup language，XML）。但XML文件阅读起来要难得多（虽然不是不可能，但非常难），原因是所有数据的两边都有大量的标签，类似于下面这样。我个人更喜欢JSON。

```
<pets>
  <pet>
    <animal>dog</animal> <name>Bailey</name>
  </pet>
</pets>
```

5.3.1 二进制格式

JSON 和 XML 可能优于 CSV，但它们并非最佳的数据传输方式。最理想的数据格式是，既在空间使用方面是高效的，又记录了模式（这样可高效地加载数据）。

在 Apache Spark 中，如果可以自己选择文件格式，通常选择下面三种之一：Avro、ORC（optimized row columnar）和 Parquet。这三种文件格式都是二进制的，它们不同于 JSON 和 CSV，只适合机器阅读。这些文件格式还包含模式信息，因此无须专门跟踪其变化。

相比于其他两种文件格式，Avro 的不同之处在于，它是基于行的，就像传统的关系型数据库系统那样。Avro 非常适合用于传输数据和流，但存储用于分析的数据时，可能应选择其他格式。

基于行的存储和基于列的存储带来的影响有何不同呢？这好像深奥难懂，但实际上并非如此。在很多情况下，选择错误可能会导致降低性能，这是由底层的存储层导致的。

数据是成块地存储的。假设每个块包含 10 个数据项，并有一个 10 行、10 列的表。在基于行的存储解决方案中，每个数据块都是一行，而在基于列的解决方案中，每个数据块都是一列。

如果要获取第 4 行，将意味着使用基于行的存储时，只需读取一个数据块，即获取第 4 个数据块，其中包含所需的所有信息。在这种情况下，只需总共读取一个数据块，效率极高。

现在假设要将第 3 列的所有值相加。由于第 3 列的数据分散在所有数据块中，因此需要查看全部 10 个数据块才能获得这些数据。最糟糕的是，在你处理的数据中，90%都是不必要的，因为在每个数据块中，只需要其中的一列。

基于列的存储解决方案的情况完全相反。由于同一列的数据存储在一起，因此只需读取要汇总的列（即一个数据块）就可获得所需的所有数据。而如果要显示一整行，则必须读取全部 10 个数据块。

现在你可能明白了，每种存储解决方案都在执行一种操作时效率非常高，而执行另一种操作时效率不那么高。实际上，有很多窍门可避免出现像前面的示例中那样糟糕的情况，总体原则是：如何存储数据事关重大。

大多数分析都每次处理几列，因此在专注于分析的系统（如 Databricks）中，不会太多地使用基于行的存储。而在经常要查看或修改多列的系统中，将各行的内容存储在一起的做法要常见得多。

ORC 和 Parquet 都是基于列的，从技术的角度讲，它们的差别不大，较难对它们做出选择。它们在数据压缩方面都做得很好，基于列的格式通常都如此，因为同一列的数据通常都是类似的。这两种格式的数据处理速度也都很快。

我使用大型数据集做过测试，结果表明，在 Databricks 中，Parquet（默认格式）的数据处理速度比 ORC 快。有鉴于此，我推荐尽可能使用 Parquet。然而，在任何情况下，用替代方案进行测试都是不错的主意，尤其是考虑到 ORC 提供了 Parquet 所没有的特性。使用不同的存储格式来创建表非常容易，本章后面你将看到这一点。

5.3.2　其他传输方式

虽然你希望文件是 Parquet 文件，但在能够自由选择的情况下，以不同的方式传输数据可能是更好的选择，至少在需要经常传输数据时是这样的。有很多工具可用来在众多不同的数据源系统和 Databricks 之间传输数据，仅在 Apache 生态系统中，就有 Apache Sqoop、Apache NiFi 和 Apache Kafka。

使用这些工具的好处很多，如易于创建数据流（flow）、支持大量的数据源、提供了可靠的监控工具。这是一个完整的工具套件，可提取、转换、传输和加载数据，所有这些操作都可在 Databricks 中直接完成，但在我看来，专用工具做得更好。

然而，也有人认为应避免使用这些工具。如果数据源不多，且很多数据加载操作都是一次性的，那么完全可直接在 Databricks 中操作，而不使用上述工具。可以始终使用 Databricks 来加载数据，在你想做些额外的工作时尤其如此。后面时不时地会讨论一下集成工具。

5.4　从你的计算机中导入数据

该实际动手做一做了。在本章的示例中，将使用来自网站 Ergast 的数据。这个网站记录一级方程式赛车领域已经发生和正在发生的所有事情，因此需要处理的数据不少。要查看这些信息，必须先将其导入。

因此，我们先来读入一些数据。具体地说，我们来导入制造商的成绩。在赛车领域，通常用制造商（constructor）来称呼各个车队，如法拉利和麦克拉伦。

从本书配套的 GitHub 仓库下载并解压缩一级方程式比赛的数据文件（f1db_csv.zip）。在解压缩后得到的文件夹中，有很多不同的文件。这个数据集由大量文件组成，其中包含从 20 世纪 50 年代开始的所有一级方程式比赛的信息：车手、制造商、成绩等。这是一个小型数据集，Ergast 网站会不断地更新。虽然本书的配套 GitHub 仓库中有该数据集的备份，但你可直接从 Ergast 网站获取该数据集的最新版本。这里不会使用其中的所有数据，但如果你对赛车运动感兴趣，可对其进行全面探索。

在文本编辑器中打开其中一个文件，通常不错的选择是打开最小的那个文件。这将让你对其中信息的组织方式有大致认识。你马上就会注意到两点：使用的分隔符为逗号；没有文件头。这两点你必须牢记。

现在确保有一个集群正在运行，再单击左边的数据图标。在面板的右上角，将出现一个 Add Data（添加数据）按钮。单击它，将进入一个专用于上传信息的页面，确保其中显示的是选项卡 Upload File（上传文件）。

将文件 constructor_results.csv 拖放到浅灰色文件框 File box 中，等文件上传完毕后单击按钮 Create Table with UI（使用 UI 创建表）。后面将介绍如何在笔记本中创建表。

从下拉列表中选择你的集群，再单击 Preview Table（预览表）。这将显示表预览，并在左边显示大量的选项。Databricks 将发现我们前面发现的两点，并整齐地显示信息，但预定义的表头名称很糟糕。

我们来看看各种选项。将表重命名为 constructor_results，后面要使用这个表时将使用这个名称来引用它。选择在数据库 default 中创建这个表，这通常不是好主意，这里这样做旨在简化工作。

文件类型是正确的，因此保留默认设置类型 CSV。列分隔符也设置好了，而且是正确的。从文件中的数据可知，没有表头行，因此保留复选框 First row is header 的默认设置——不选择它。

我们想要推断模式，因此选择复选框 Infer schema。Databricks 将开始处理行。通过选择这个复选框，可让引擎仔细查看文件，并对其内容做出合乎情理的猜测。这样，引擎不再将每列都假定为字符串，而将有些列的数据类型设置为整型或双精度浮点数。

就这个表而言，猜测是比较正确的，但情况并非总是如此。另外，如果表中的数据很多，选择复选框 Infer schema 将导致加载时间很长。通常，一种速度快得多的方式是指定模式。当然，也可选择将所有列都作为字符串导入，并在导入后再修复存在的问题。

创建表之前，还需要修改列名。使用列名 default_cn 不太好，建议将 5 列按从左到右的顺序依次命名为 constructor_result_id、race_id、constructor_id、points 和 status，再单击 Create Table（创建表）按钮。

这将创建表，并显示一个摘要页面，其中列出了所有的列以及一些示例数据行。如果此时单击 Data 按钮，并选择数据库 default，将在右边看到新创建的表。祝贺你完成了第一次数据上传！

5.5 从 Web 获取数据

前述上传数据的方式效果很好，但不那么直截了当——让数据经由计算机。数据源在 Web 上，因此直接将数据从数据源上传到 Databricks 更容易。下面来看看如何操作。

获取数据的最简单方式是，采取必要的措施将其收集到集群中的驱动器节点，再复制到 Databricks 文件系统中。下面尝试使用这种方法来处理前面处理的文件。

我们将使用魔法命令%sh，它用于运行 shell 命令。所有的操作都将在驱动器节点上进行，而前面说过，这个节点是一台 Linux 机器，因此可选择很多不同的方式。

与往常一样，确保正在运行一个集群，再新建一个笔记本。选择哪种主语言无关紧要，因为将使用的是 shell 脚本。另外，可给这个笔记本任意命名，一个不错的选择是命名为 ReadDataFromWebShell。

5.5.1 使用 shell

获取所需文件的方式有很多，其中最简单的方式是使用命令 wget。它简单而快捷，不需要额外的设置，因为它已在驱动器节点上安装好，可随时使用。在第一个单元格中，输入如下命令：

```
%sh
cd /tmp
wget http://ergast.com/downloads/f1db_csv.zip
```

第一行告知 Databricks，我们要在这个单元格中运行 shell 命令。接下来，使用命令 cd 切换到文件夹/tmp，这里非常适合用来放置临时文件，但将文件放在哪里无关紧要。你可能还记得，重启集群后，驱动器节点上的所有内容都将消失。

最后，使用 Linux 命令 wget 从 Web 拉取相关的 zip 文件，并将其存储到文件夹 local/tmp 中。如果你想验证确实复制了这个文件，可使用命令 ls 列出这个文件夹的内容。这表明这里确实有前述文件：

```
%sh ls /tmp
```

注意，这里将要执行的命令和魔法命令放在了同一行。虽然并非必须这样做，但只有一行代码时，这样做更方便些。还必须注意的一点是，执行命令后将重置当前的文件夹路径。

接下来，需要进行解压缩。由于这里只需要制造商的数据，因此全部数据解压缩毫无意义。要获取相关的文件，需要获悉其文件名，因此必须先列出内容。所幸命令 unzip 可用于列出内容，还可用于提取文件。下面就来试试：

```
%sh
unzip -Z1 /tmp/f1db_csv.zip
```

这将列出所有内容（如果还想获悉文件大小，可使用参数-l）。正如所见，制造商文件名为 constructors.csv，这就是我们要提取的文件。为了提取这个文件，也可使用命令 unzip：

```
%sh
unzip -j /tmp/f1db_csv.zip constructors.csv -d /tmp
```

与前面一样，这里也先使用魔法命令指出接下来要运行 shell 命令，然后使用命令 unzip 提取一个文件并将其存储在文件夹 tmp 中。我们来验证一切顺利，为此可使用 Linux 列出命令 ls：

```
%sh ls /tmp/*.csv
```

你将看到一个列表，其中列出了文件夹 tmp 中所有的 CSV 文件。星号表示任意数量的字符，因此上述命令与扩展名为 CSV 的文件都匹配。你看到的很可能只有刚提取的文件。如果没有列出任何文件，就需要重新执行前面的步骤。

接下来，需要将这个文件从驱动器节点移到共享文件系统，为此需要使用移动命令 mv。Databricks 文件系统被自动连接到（Linux 称之为挂载到）驱动器节点，并用文件夹/dbfs 表示：

```
%sh
mv /tmp/constructors.csv /dbfs/tmp
```

这个命令让 Databricks 将刚才提取的文件从驱动器节点移到 Databricks 文件系统（DBFS），让这个文件被永久性地存储在共享存储中，即便集群重启也不会消失。另外，还可在 UI 中导入这个文件中的数据。

注意，原本可以将这个文件直接下载到 DBFS，但除非文件包含大量的数据，否则不建议这样做，因为这样做可能导致文件系统充斥垃圾，这种情况并非必然发生，但通常会如此。有鉴于此，更好的选择是在驱动器节点上完成原始工作。

接下来，单击 Data 按钮，再单击 Add Data。单击 DBFS 按钮并切换到文件夹 tmp，其中应该有刚才移动的文件。选择这个文件，并单击 Create Table with UI 按钮。后续需要做的工作与前面的手动解决方案中的相同。将各列分别命名为 constructor_id、constructor_ref、name、nationality 和 url。同时别忘了手动指定模式或选择复选框 Infer schema 以自动推断模式。

5.5.2 使用 Python 执行简单导入

前面尝试采用纯手动方式和基于 shell 的方式读取数据，但这种操作也可使用 Python 来完成。我们来看看使用代码时各个步骤是什么样的。为此，新建一个笔记本，将主语言指定为 Python，并将笔记本命名为 ReadDataFromWebPython。

先要从 Web 获取文件，其方法有很多种，其中最简单的方法是使用 urlretrieve 包，这也是 Databricks 推荐的。这虽然管用，但不建议使用它，因为这个包在 Python 中被标记为遗留的，因此总有一天它会被删除，到时就得回过头去修改代码。取而代之的是使用 requests 包：

```
from requests import get
with open(' /tmp/f1.zip', "wb") as file:
  response = get('http://ergast.com/downloads/f1db_csv.zip')
  file.write(response.content)
```

驱动器节点预安装了模块 requests，因此不需要再安装它。先要做的是从模块 requests 中导入函数 get，然后准备一个名为 f1.zip 的新文件，再从 Web 拉取所需的文件。在接下来的一行代码中，将拉取的文件写入文件系统（这里是驱动器节点）。如果要将文件直接写入 DBFS，可在准备新文件时指定路径/dbfs/tmp/f1.zip。

接下来，需要查看内容，找到需要的文件并提取它。由于有制造商战绩和制造商名单，再加上赛季数据可能是不错的选择。这将增加一些可供鼓捣的数据：

```
from zipfile import ZipFile
with ZipFile('/dbfs/tmp/f1.zip', 'r') as zip:
```

```
    files = zip.namelist()
    for file in files:
      print(file)
```

先导入模块 zipfile 中的函数 ZipFile，然后打开下载的文件并提取文件名列表。虽然可以直接打印函数 namelist()的输出，但这里没有这样做，而是以更漂亮的方式分行打印，所需的文件是 seasons.csv，我们来提取它：

```
from zipfile import ZipFile
with ZipFile('/tmp/f1.zip', 'r') as zip:
  zip.extract('seasons.csv','/tmp')
```

开头两行代码与前面相同，第 3 行代码指定了要提取的文件以及要将其提取到哪个文件夹。但愿这种做法是管用的。为了验证这一点，可使用前面的 Linux 命令，当然也可使用 Python：

```
import os
os.listdir("/tmp ")
```

你可能猜到了，模块 os 包含大量用于与操作系统通信的函数，其中有一个函数列出文件夹的内容，这正是第 2 行代码所实现的。但愿在列表中能够找到刚提取的文件。

接下来，需要将这个文件从驱动器节点移到 DBFS。完成这种任务的方式有多种，这里将使用 Databricks 提供的 dbutils 包，这旨在让你熟悉这个包，因为后面将大量地使用它。通过使用这个包，可在文件系统层面做很多事情：

```
dbutils.fs.mv("file:/tmp/races.csv", "dbfs:/tmp/races.csv")
```

将数据存储到 DBFS 后，就可使用第一个示例中使用的用户界面了。单击 Add Data 按钮，将数据源指定为 DBFS，切换到文件夹/tmp 并选择目标文件。余下的工作与前面做的相同。

然而，由于我们已习惯于运行 Python，因此也来尝试使用代码导入数据。需要读取大量文件或需要反复读取新的数据版本时，这种方法的效率要高得多：

```
df = spark \
.read \
.format("csv") \
.option("inferSchema","true") \
.option("header","false") \
.load("dbfs:/tmp/seasons.csv") \
.selectExpr("_c0 as year", "_c1 as url")

df.write.saveAsTable('seasons')
```

这里需要理解的代码虽然很多，但实际上并没有那么复杂。我们使用了内置函数 spark.read，指定要读取一个 CSV 文件、对模式进行推断且文件中没有标题行，再指定要加载的文件。selectExpr 部分将列名 default _cn 修改为指定的名称。接下来，在一个单独的命令中将生成的 DataFrame 写入表。

如果这些代码不太好理解，也不用担心。马上就要读到第 7 章了，那里将详细介绍类似这样的代码。因此，很快就会明白的。

5.5.3 使用 SQL 获取数据

前面介绍了如下导入数据的方式：以纯手动方式、使用 shell 脚本以及使用 Python。如果 CSV 文件已准备就绪，还可使用普通的 SQL 代码来直接访问数据。下面的代码提取赛车数据：

```
%sql
create temporary table test (year INT, url STRING) using csv
options (path "dbfs:/tmp/seasons.csv", header "false", mode
"FAILFAST");
select * from test;
```

在这个命令中，创建了一个直接与 CSV 文件相关联的临时表（只能在当前集群中使用）。前两个选项的含义是不言自明的：选项 path 指定了目标文件的位置，而选项 header 让 Spark SQL 不要将第一个数据行用作列名。

最后一个选项 mode 告知 Databricks 如何处理有缺陷的行：PERMISSIVE 表示尝试纳入所有的数据，并对缺失值填充 null；DROPMALFORMED 表示将有缺陷的行丢弃；而这里使用的 FAILFAST 表示在源文件中遇到有缺陷的数据时马上放弃。

虽然以这种方式处理 CSV 文件很容易出错，但可跳过数据加载过程，快速获得结果。对于要经常使用的数据，最好创建一个基于 Parquet 的永久性表。

5.6 挂载文件系统

DBFS 的优点之一是，可挂载外部文件系统，进而像访问本地存储的数据哪样轻松访问其中的数据。大致而言，挂载意味着创建一个文件夹，并将其关联到另一个系统中的文件夹，这有点像 Windows 网络中的文件共享，但更加透明。

挂载点对当前工作区内的所有集群来说都可用，且在重启后不会消失。

然而，挂载最大的优点在于，可将数据存储在中心位置（如数据湖），并在需要时附接它们。这是一种在工作区和不同软件之间共享数据的绝佳方式，但需要特别注意用户权限，因为如果没有正确地设置用户权限，共享数据将能够被所有用户访问。

下面来看看如何将 Amazon S3 存储桶（bucket）和 Microsoft Blob Storage 挂载到 DBFS。这两种存储类型是最常用的，也可能是你最常见到的。

5.6.1 Amazon S3 挂载示例

先从 Amazon S3 开始。需要指出的是，这里挂载文件系统的方式并非 AWS 推荐的方式，推荐使用 IAM 角色来挂载文件系统。

这里为何不介绍推荐的方式呢？因为篇幅所限。设置 IAM 角色并不难，但步骤很多，如果在这里描述，将占用太多篇幅。这里介绍的方式是一种权宜之计，但对你的私有项目来说，是可行的。

先登录 AWS 门户。在搜索框中单击并输入 S3，并选择搜索结果列表中的第一项，将显示 S3 存储桶列表。单击 Create bucket 按钮，并输入你要使用的存储桶名。这里不再执行余下的步骤，而直接单击左下角的 Create 按钮。这样就创建了一个文件区域（file area）。

接下来，需要获取访问 AWS 的密钥，以便能够从 Databricks 连接到 AWS。为此，单击你的用户名（它位于右上角），再单击 My Security Credentials，这将打开一个网页，其中包含多个位于不同选项卡中的安全选项。

单击标签 Access keys 以展开相应的选项卡，再单击蓝色按钮 Create New Access Key。在出现的弹出窗口中，单击链接 Show Access Key，以显示你需要的密钥。复制这些密钥或将它们下载到一个文件中（如果你想这样做）。

至此已万事俱备，可以返回到 Databricks 了。进入你的工作区，新建一个笔记本，并将其主语言指定为 Python。输入下面的代码，并将访问密钥、机密密钥（secret key）和存储桶名替换为你使用的值：

```
dbutils.fs.mount("s3a://<access key>:<secret key>@<bucket name>",
"/mnt/your_container")
```

执行这些代码，如果没有出错，在 Databricks 中将有一个 S3 存储桶视图。你放在这个 S3 存储桶中的所有数据都是可在你的工作区中访问的。你甚至可将数据文件放在 AWS 中，从而绕过 DBFS。然而，当前这个 S3 存储桶中什么都没有，要确认这一点，可运行下面的代码：

```
%fs ls /mnt/your_container
```

你将收到一条消息，指出没有找到任何文件。要改变这种情况，可在 AWS 用户界面中上传数据，但这里不这样做，而在这里创建一个文件。为此，我们使用 Python 读取前面创建的一个表，并将其存储到 S3：

```
df = spark.read.sql('select * from seasons')
df.write.mode('overwrite').parquet('/mnt/your_container')
```

第一行代码将表 seasons 中的数据提取到一个 DataFrame 中。然后，使用 Parquet 格式将这个 DataFrame 写入挂载的文件夹。现在如果再次运行命令 ls，将看到这个文件。

别忘了，这种解决方案只使用于个人在短时间内使用的数据。在演示这种解决方案时，还多次抄了近路，但在实际工作中挂载文件系统时，务必使用 IAM 角色或至少使用机密（secret）。有关机密，将在后面介绍，而 IAM 角色不在本书的讨论范围内。

5.6.2 Microsoft Blog Storage 挂载示例

在其 Azure 云中，Microsoft 提供了多种存储类型，其中数据湖可能是功能最为齐备的，但 Blob Storage 提供了一种价格低廉的海量信息存储方式。与 Amazon S3 一样，这里也将在 Python 中使用命令 mount 来挂载。

访问数据的方式有很多，其中一种较为容易的方式是使用共享访问签名。这种方式很容易，还让你能够指定数据在多长时间内是可访问的。

访问 Azure Portal，并进入 Storage Account 视图。新增一个存储，并按要求提供所有的信息，再单击 Review + create。在创建存储的过程中，无须访问各种不同的网页，而你指定的名称被称为存储账号名。

创建存储账号后，进入存储账号主页面，并单击顶部的链接 Containers（它后面有一个加号）。这将创建一个新容器，可将其视为一个文件夹。给容器命名并继续。

接下来，单击左边的链接 Shared access signature，将出现一个视图，让你能够指定可临时访问哪些内容以及可在多长时间内访问，默认分别是所有内容和 8 小时，这对我们的示例来说是可行的，因此可直接单击按钮 Generate SAS and connection string。复制 SAS 令牌，它位于第二个文本框内。

现在返回到 Databricks 并创建一个笔记本，将主语言设置为 Python，根据你的喜好给笔记本命名，再在第一个单元格中输入下面的代码。务必将<container name>替换为你的文件夹的名称，将<storage account>替换为你的存储账号名，将<SAS key>替换为前面复制的字符串：

```
dbutils.fs.mount(
  source = "wasbs://<container name>@<storage account >.blob.
  core.windows.net",
  mount_point = "/mnt/your_container",
  extra_configs = { "fs.azure.sas.<container name>.<storage
  account>.blob.
  core.windows.net" : "<SAS key>"}
)
```

这将把新创建的容器挂载到 Databricks，并用文件夹/mnt/your_container 表示。为了验证一切顺利，可对这个文件夹运行 ls 命令。这里什么都没有，因此如果一切顺利，显示的将只有 OK。

```
%fs ls /mnt/your_container
```

由于前面创建共享访问签名时赋予了全部权限，因此可使用 Python 在这个文件夹中创建一个对象。例如，可读取前面创建的一个表，并使用不同的格式将其保存到这个文件夹中：

```
df = spark.read.sql('select * from seasons')
df.write.mode('overwrite').parquet('/mnt/your_container')
```

现在如果再次运行 ls 命令，将发现这个文件夹中有一个 Parquet 文件。如果返回到 Azure Portal，并进入这个容器，将看到同样的内容。这是一种提供数据的不错方式，因为它让你能够将 Databricks 连接到存储的文件，且无须移动数据。有关这个主题，将在后面更详细地介绍。

注意，最好通过活动目录（Active Directory）进行合适的身份验证，并给数据湖中的文件和文件夹设置访问权限。为此，需要做大量的设置工作，这不在本书的讨论范围内。要获得有关这方面的更详细信息，可参阅配套网站的补充材料。

5.6.3 删除挂载

虽然在需要时能够访问外部数据是件大好事，但太多的挂载很容易导致文件系统杂乱不堪。因此，对于不再需要的文件系统，应断开它的连接，为此可使用命令 dbutils.fs.unmount：

```
dbutils.fs.unmount('/mnt/your_container')
```

如果你在笔记本每次运行时都挂载文件系统，并在笔记本运行完毕后卸载它们，应在笔记本开头也执行 unmount 命令，并将其放在 try/except 子句中，以避免收到错误消息。关于 try/except 子句将在第 7 章更详细地介绍。

5.7 如何从 Databricks 中获取数据

能够将数据导入 Databricks 挺好，但有时要从 Databricks 获取数据，完成这种任务的方式有很多，具体哪种方式合适取决于在哪里需要这些数据以及数据集有多大。

最简单的方式是使用笔记本用户界面。正如你在第 4 章看到的，在结果单元格底部有几个按钮，其中最左边的按钮是一张下箭头图片（如图 5-1 所示），这个按钮就是你在这里需要使用的。运行查询以获得结果，再单击这个按钮以逗号分隔的格式将其存储到本地。

仅当数据量不大时，这种方法才管用。数据量很大时，这种方法不管用，在这种情况下，需要考虑使用别的方法。下面来尝试使用 Databricks 提供的一个有点怪异的选项——通过 Web 暴露文件。

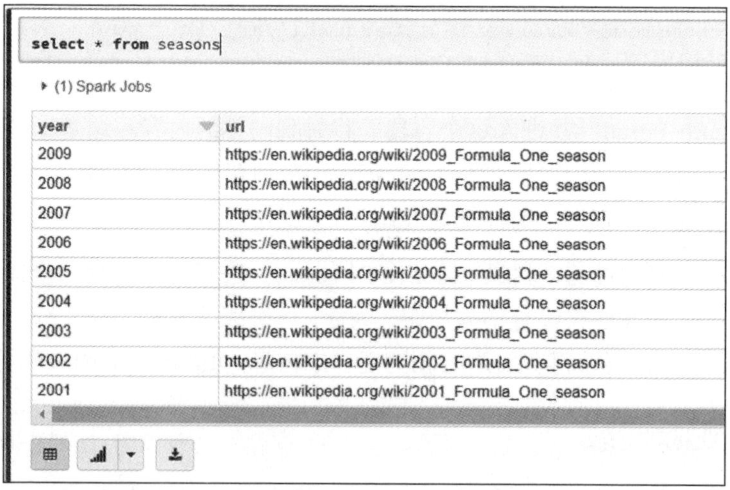

```
select * from seasons
```

▸ (1) Spark Jobs

year	url
2009	https://en.wikipedia.org/wiki/2009_Formula_One_season
2008	https://en.wikipedia.org/wiki/2008_Formula_One_season
2007	https://en.wikipedia.org/wiki/2007_Formula_One_season
2006	https://en.wikipedia.org/wiki/2006_Formula_One_season
2005	https://en.wikipedia.org/wiki/2005_Formula_One_season
2004	https://en.wikipedia.org/wiki/2004_Formula_One_season
2003	https://en.wikipedia.org/wiki/2003_Formula_One_season
2002	https://en.wikipedia.org/wiki/2002_Formula_One_season
2001	https://en.wikipedia.org/wiki/2001_Formula_One_season

图 5-1 要获悉表的格式和内容，通常读取表中的全部内容是一种不错的方式

本章前面说过，存储在文件夹 FileStore 中的所有文件都可通过 Web 直接下载。这种方法提供了极大的便利，可用来下载大型文件。当然，也可将这种方法用于小型文件。别忘了，做出将文件放在这里的决定时要谨慎，因为别人也能够下载它。在猜测文件名方面，人可能表现得非常聪明。注意，Databricks 社区版没有提供这项特性。

```
df = spark.sql('select * from seasons')
df.write.json('/FileStore/outdata/seasons.json')
%fs ls /FileStore/outdata/seasons.json/
https://westeurope.azuredatabricks.net/files/outdata/seasons.json
/part-00000-<some long string here>-c000.json
```

注意，对于位于文件系统其他地方的文件，也可通过指定完整的路径来访问，但在这种情况下，将要求你登录，这提供了额外的安全保障。你肯定不希望任何人都能够访问你所有的文件。

还有一种类似的数据提取方式是将其保存到云文件系统。这常常是移动海量数据的最佳方式，一个这样的典型示例是在工作区之间共享数据。最重要的是，可像前面那样使用挂载。实际上，我们已经知道如何在工作区之间共享数据，但这里再强调一下，这样做之前，务必确保挂载了文件系统。

```
df = spark.read.sql('select * from seasons')
df.write.mode('overwrite').parquet('/mnt/your_container')
```

到目前为止，都使用文件来共享数据，这常常是最容易的方式。如果要在其他工具（如 Power BI 或 Qlik）中访问信息，这种方式比较笨拙。在这种情况下，可直接访问数据，而不是写入文件后再读取它。为此，可使用开放数据库连接（ODBC）驱动程序、Java 数据库连接（JDBC）驱动程序或 Spark 驱动程序。这里不介绍它们，到后面再介绍。

5.8 小结

本章讨论了 Databricks 文件系统，包括数据是如何存储的以及隐藏在幕后的情况。还在文件系统中进行了导航，旨在让你熟悉一些较为常见的命令。

本章还介绍了多种将数据导入 Databricks 的方式。我们使用不同的方法从客户端计算机和 Web 将数据提取到工作区，并将结果存储到受管表中。

通过挂载文件系统，我们认识到可在 Databricks 中访问 AWS S3 和 Azure Blob Storage 中的数据，就像它们是 Databricks 本地的文件一样。这是一种将数据推送给 Databricks 的高效方式。

最后，我们尝试了多种从 Databricks 提取数据，以便在外部使用的方式。总之，我们了解了如何使用简单的命令将数据导入 Databricks 以及从 Databricks 获取数据。第 6 章将开始使用 SQL 编写完成实际工作的代码。

第 6 章
使用 SQL 查询数据

将数据载入 Databricks，提供多个可供研究的数据集后，终于可以开始鼓捣它们了。我们将首先使用最古老的数据语言来鼓捣数据。

本章将介绍 Spark SQL 以及它在 Databricks 中的工作原理。我们将从表中提取数据，根据需要进行筛选，并使用聚合函数对数据集进行研究。我们还将介绍为 Spark SQL 和 Databricks 提供了经典的数据库特性集的 Delta Lake，以及就地操作数据意味着什么。

你在接下来的几章将看到，在 Databricks 中，有很多查看、处理和创建数据的方式。多年来，传统数据分析领域发生了翻天覆地的变化，但占统治地位的依然是有将近 50 年历史的结构化查询语言（structured query language，SQL）。

不管你使用哪种其他的工具，都必须熟悉 SQL 基本知识，如果有更深入的认识就更好了。如果你访问过关系型数据库中的数据，就很可能对 SQL 有所了解。

SQL 非常适合用来快速了解要处理的数据集。即便大部分处理工作都将使用 Python 来完成，在很多情况下，要了解数据是什么样的，运行几个 SQL 查询也是最快捷的方式。

6.1 Databricks 中的 SQL

很多产品都使用 SQL，总体而言，不同的 SQL 实现是相似的，但也存在一些不同之处。例如，很多在 Oracle RDBMS 中管用的语法，在 Microsoft SQL Server 中就不管用，反之亦然。SQL 有一个 ANSI 标准，数据库公司都在一定程度上遵循这个标准，但大多数工具都提供了竞争对手所没有的特性。

Databricks中的Spark SQL也是这样的。大多数核心语句的工作方式都符合预期，但也存在与该领域的主要竞争对手不同的地方。例如，对于很多被视为标准的特性（如UPDATE），也需要使用很新的Delta Lake组件。

本书的讨论重点并非SQL（如果你不熟悉SQL，将发现有很多内容值得学习），不会深入而详细地讨论它，但本章将花点时间介绍基本知识。知道如何使用SQL以及Databricks中的SQL是什么样的很重要，因为对很多人来说，他们在Databricks中使用的主要是SQL。对很多数据分析师来说，能够对大型数据集运行传统查询就足够了。

撸起袖子开干吧！

6.2 准备工作

先像第5章介绍的那样启动一个集群。然后创建一个笔记本，并将其主语言指定为SQL。连接到启动的集群，并等待笔记本打开。

运行查询前，需要让Databricks知道我们要使用哪个数据库。默认情况下，你执行的每个命令针对的都是数据库default。

前面说过，将数据存储在数据库default的表中通常不是好主意。前面载入的所有数据都存储在独立的数据库中，因此必须让Databricks知道我们要使用的数据存储在哪里。完成这种任务的方式有多种，其中最简单的方式是输入USE，并在它后面指定数据库名称。

这样做之前，需要获取数据。在本章中，将花点时间使用有关纽约出租车的数据集，我将使用2019年6月的Yellow Taxi Trip Records数据，以及Taxi Zone Lookup Table。大家可从网上自行下载相应数据集为了确保接下来将使用的命令管用，你必须使用同样的数据。

导入下载的文件前，创建一个用于存储它们的数据库。在前面创建的主语言为SQL的笔记本中，运行下面的命令。运行这个命令后，单击Data按钮，确定能看到这个数据库。

```
CREATE DATABASE taxidata
```

创建数据库后，就可导入刚下载的数据了，为此可使用图形用户界面。确保导入的数据将位于数据库taxidata中，将第一行作为表头，对模式进行推断，并将两个表分别命名为 yellowcab_tripdata_2019_06 和 taxi_zone_lookup。

鉴于本章将使用这个数据集，我们来指向相应的数据库。这样做后，执行的所有命令都将针对数据库 taxidata，像这里这样只使用一个数据集时，这种做法提供了极大的方便。

```
USE taxidata
```

然而，需要同时使用多个数据库时，这种做法有点烦琐。如果在同一个查询中使用两个数据库中的表，这种做法甚至行不通。所幸可像下面这样在表名前使用数据库名来限定它们：

```
SELECT * FROM taxidata.yellowcab_tripdata_2019_06;
```

不管当前活动的是哪个数据库，这都将从数据库 taxidata 中选择数据。如果不确定当前活动的是哪个数据库，可运行下面的命令来获悉这一点：

```
SELECT current_database()
```

这里只使用一个数据库中的数据，因此本章的所有命令都假定你像前面那样运行了命令 USE。如果你还没有运行这个命令，现在就这样做，否则将出现大量错误。

6.3 选择数据

从前面的两个示例可知，查看数据很容易，只需输入 SELECT，这是一个非常简单的命令。你输入 SELECT 来指定要获取数据，然后指定要获取哪些列，最后指定表名：

```
SELECT * FROM yellowcab_tripdata_2019_06;
```

运行这些代码后以网格方式返回前 1000 行数据。星号表示表中的所有列，这意味着可输入*，而无须输入 vendorid、tpep_pickup_datetime、tpep_dropoff_datetime 等，真是非常方便。需要指出的是，通过将输出限定为你感兴趣的列，可提高数据返回速度，因为这样 Databricks 需要处理的数据将更少。另外，对以后阅读代码的人来说，更容易明白其中的情况：

```
SELECT VendorID, Trip_Distance FROM yellowcab_tripdata_2019_06;
```

这将只返回 VendorID 和 Trip_Distance 两列的数据，而不是表中的所有数据。如果表包含很多列、很多行，通过限定返回的数据可以极大地提高性能。但如果只是查看前几行，这样做带来的性能提升可能有限，因为这种操作的速度很快。

如果要限定返回的行数，可使用关键字 LIMIT。这是一种只获取表中前几行数据的高效方式，通常与稍后将介绍的筛选器结合起来使用。下面的命令返回前 10 行：

```
SELECT VendorID, Trip_Distance FROM yellowcab_tripdata_2019_06
LIMIT 10;
```

顺便问一句，你注意到了命令末尾的分号吗？如果单元格中只有一个 SQL 命令，那么即便命令末尾没有分号也能正确地运行。但同时运行多个命令时，如果不在命令末尾添加分号，Databricks 将不知道如何分隔它们。尝试运行下面的代码：

```
SELECT Trip_Distance FROM yellowcab_tripdata_2019_06
SELECT VendorID FROM yellowcab_tripdata_2019_06
```

这将引发错误，原因是语句可以横跨多行。在 SQL 中，换行符没有任何意义。为了避免让语法分析器迷惑，务必养成始终在查询末尾添加分号的习惯，这将替你省却麻烦。

长名称无论是输入还是阅读起来都很麻烦，所幸 SQL 支持别名，这可简化你的工作，还可让代码更清晰。大致而言，别名是你指定的用来引用表和列的额外名称。注意，别名只能在当前查询中使用，而不能在后续查询中使用：

```
SELECT tpep_pickup_datetime as pickup, tpep_dropoff_datetime
dropoff FROM yellowcab_tripdata_2019_06 as T
```

在这个示例中，在别名前使用了命令 AS，这没问题，但并非必须这样做。在查询后面，可引用别名，后面讨论连接时将看到这一点。在连接时使用别名可极大地提高代码的可读性。

需要注意的是，人们倾向于使用简短的别名，如前面的 T。但等以后再回过头来查看代码时，引用 T1、T2、T3 等复杂的 SQL 将令人抓狂。应尽可能使用有意义的别名。

6.4　筛选数据

在大多数情况下，你想做的不是获取所有的行。对于超过几百行的电子表格，要看明白其中的信息很难。要减少信息量，一种方式是使用 WHERE 子句进行筛选：

```
SELECT * FROM taxi_zone_lookup WHERE borough = 'Queens';
```

现在获取的只是部分数据。具体地说，只获取了 borough 列的值为 Queens 的行。注意，字符串是区分大小写的，例如，如果在 WHERE 子句中指定条件 borough = 'queens'，将不会返回任何行。

在 WHERE 子句中，并非只能像上面这样指定条件。实际上，有很多筛选数据的方式，例如，如果有一个要匹配的产品列表，可使用 IN 子句来执行查询：

```
SELECT * FROM yellowcab_tripdata_2019_06 WHERE VendorID IN (1,2);
```

在很多情况下，你并不确知要查找产品的准确名称，而只知道其一部分，或者要查找的产品编号太长，而你只想在 IN 列表中指定其一部分。在这种情况下，LIKE 或许能够帮助你解决问题：

```
SELECT * FROM taxi_zone_lookup WHERE borough LIKE 'Staten%';
```

其中的%是通配符，因此这个查询查找以 Staten 打头的字符串。这个查询与 Staten Island 和 Staten Mainland 都匹配，但与 Mystaten 不匹配。可根据需要使用多个通配符，并将其放在匹配字符串的任何位置：

```
SELECT * FROM taxi_zone_lookup WHERE borough LIKE '%een%';
SELECT * FROM taxi_zone_lookup WHERE borough LIKE 'M%nha%n';
```

我们来尝试另一种筛选数据的方式：指定范围。如果要匹配在 50 和 100 之间的任何值，可创建一个列表，但这有点麻烦。为了避免这种麻烦，可使用 BETWEEN：

```
SELECT * FROM yellowcab_tripdata_2019_06 WHERE vendorid BETWEEN 1 AND 5;
```

在需要筛选出特定时间段内的数据时，也可使用这种方式来指定日期。你可能想到了，这种做法在数据分析场景中很常见，其语法与前面相同，但日期需要使用 yyyy-MM-dd 格式指定：

```
SELECT * FROM yellowcab_tripdata_2019_06 WHERE tpep_pickup_datetime
BETWEEN '2019-06-02' AND '2019-06-03';
```

如果你查看这些日期时觉得其格式有点怪，也不用担心。可以使用函数，并在其中以你习惯的格式指定日期（推荐使用 ISO 标准指定的日期格式）。关于函数将在后面更详细地介绍，这里要让你感受一下函数是什么样的：

```
SELECT * FROM yellowcab_tripdata_2019_06 WHERE tpep_pickup_datetime
```

```
BETWEEN to_date('06/02/2019','MM/dd/yyyy') AND to_date('2019/06/03',
'yyyy/MM/dd');
```

使用ISO标准指定的日期格式时，可以不显式地调用函数，但最好这样做。然而，包含额外的函数调用时，查询阅读和理解起来确实要麻烦些。

还有一种你可能会经常使用的数据筛选方式。与大多数数据库一样，Spark SQL也支持子查询，这意味着可将一个查询的输出作为另一个查询的输入：

```
SELECT * FROM yellowcab_tripdata_2019_06 WHERE pulocationid IN (SELECT
locationid FROM taxi_zone_lookup WHERE zone = 'Flatlands')
```

内层的SELECT返回zone列值为Flatlands的数据行中locationid列的值，而外层的SELECT使用这个查询的结果来筛选出上车地点位于Flatlands的所有数据行。

子查询是一种能够根据另一个表来筛选数据的强大方式。例如，你可能有一个很长的产品列表，并想筛选出sales表中属于特定分组的数据行。子查询是一种在维表中进行查找的快速方式。

还需要指出的是，在前面的命令中，可使用NOT，如NOT IN和NOT LIKE。但需要注意的是，相比于普通匹配，NOT带来的计算开销通常更大：

```
SELECT * FROM yellowcab_tripdata_2019_06 WHERE vendorid NOT BETWEEN
1 AND 5;
```

在WHERE子句中，还可使用逻辑运算符AND和OR来联合多个筛选条件，而在筛选条件中，几乎可使用其他任何运算符。然而，在复杂的查询中使用OR时一定要小心，务必使用括号来确保结果是你想要的。请看下面的查询：

```
SELECT * FROM taxi_zone_lookup WHERE borough = 'Queens' OR (borough =
'Staten Island' AND zone = 'Arrochar/Fort Wadsworth');
SELECT * FROM taxi_zone_lookup WHERE (borough = 'Queens' OR borough =
'Staten Island') AND zone = 'Arrochar/Fort Wadsworth';
SELECT * FROM taxi_zone_lookup WHERE borough = 'Queens' OR borough =
'Staten Island' AND zone = 'Arrochar/Fort Wadsworth';
```

第一个查询返回与Queens或Staten Island的Arrochar区域相关的所有行，而第二个查询只返回与Arrochar区域相关的行。你能猜出第三个查询将返回什么样的结果集吗？使用OR时很容易犯错，因此务必将OR语句放在括号内，以避免给人带来迷惑或难以找出的bug。

这里还有一点值得一提，那就是NULL。从字面上理解，NULL表示缺失信息，这意味着运行下面这样的查询时，不会返回数据集中所有的行：

```
CREATE TABLE nulltest (a STRING, b INT);
INSERT INTO nulltest VALUES ('row1', 1);
INSERT INTO nulltest VALUES ('row2', NULL)

SELECT * FROM nulltest WHERE b = 1;
SELECT * FROM nulltest WHERE b != 1;
```

从逻辑上说，一个值要么是 1，要么不是 1，因此上面两个查询一起将返回所有的行，对吧？但如果列中包含 NULL 值，结果将不是这样的。由于目标列缺失内容，相应的行不会出现在常规查询返回的结果中。要返回这样的行，必须明确地指定要查找的值为 NULL：

```
SELECT * FROM nulltest WHERE b IS NULL;
SELECT * FROM nulltest WHERE b IS NOT NULL;
```

可禁止表中出现 NULL，为此可给表模式指定约束条件，但数据中包含 NULL 的情况并不罕见。连接数据时，也可能生成 NULL。本书将多次谈及连接，届时你将明白连接为何会生成 NULL。就目前而言，你只需知道存在 NULL。NULL 是导致错误的常见根源。

6.5 连接和合并

在很多情况下，不会只使用一个表，甚至不会只使用一个数据库，而是需要合并来自多个数据源的数据。让这成为可能是数据工程师和数据科学家的主要职责，将在第 8 章更详细地讨论。让数据组织有序并可连接后，运行实际的操作将很容易。

假设有多个表，它们的模式相同（或至少有一列是相同的），你要将它们合并，为此可使用 UNION 语句。例如，可能有两个不同年份的销售数据，你要根据这些数据创建一个数据集：

```
SELECT * FROM yellowcab_tripdata_2019_05
UNION
SELECT * FROM yellowcab_tripdata_2019_06;
```

要让上述代码可行，两个表的模式必须完全相同。如果只有部分列是相同的，可指定这些列，这样也能正确地合并。如果确定两个表中没有重复的行（或者要保留重复的行），可使用 UNION ALL，因为它会跳过重复检查，对数据进行简单的合并。

UNION和UNION ALL的差别

这里有必要说说UNION和UNION ALL的差别，因为确实有人对它们的作用存在误解。导致这种误解的部分原因是，它们在Python中的工作原理不同。

命令UNION ALL只是将数据集合并，而不对数据做任何重复检查。要搞明白UNION ALL和UNION的差别，运行下面的命令并查看输出：

```
create table x (a integer);
create table y (a integer);
insert into x values (1);
insert into x values (2);
insert into y values (1);
insert into y values (2);
insert into y values (3);
select * from x union select * from y;
select * from x union all select * from y;
```

正如所见，第二个查询返回的结果中有重复的行。如果你能接受重复行，或者确定表中没有重复行，就应使用UNION ALL。UNION ALL的运行速度更快，因为Apache Spark无须执行开销巨大的重复行检查，对于大型数据集，这带来的差别可能非常大。

命令INTERSECT生成的结果集中包含两个表中都有的数据，这相当于是一个重复行列表。通过使用MINUS，可获取第一个表中所有的行，但与第二个表重复的行除外（这些行被删除了）。

在大多数情况下，要关联的两个数据集不完全相同，它们只有一些相同的属性。可能一个表存储了客户清单，而另一个表存储了所有的销售交易。为了将销售数据关联到客户，需要使用连接。大致而言，连接就是将多个（通常是规范化的）表中的数据关联起来：

```
SELECT
 tz.Borough,
 tz.Zone,
 yt.tpep_pickup_datetime,
 yt.tpep_dropoff_datetime
FROM
 yellowcab_tripdata_2019_06 yt
 LEFT JOIN taxi_zone_lookup tz
  ON (yt.PULocationID = tz.LocationID);
```

这将在一个查询中返回一个表中的行政区（borough）和区域（zone）以及另一个表中的两个日期，这是太棒了。这里使用的连接条件是pulocationid列和

locationid 列的值相同。

在有些情况下，连接可能生成前面提到的令人讨厌的 NULL 值。假设有个行政区没有记录车费情况，在这种情况下，将填充前两列，但不会填充后两列（上车时间和下车时间）——它们将为 NULL。

在有些情况下，你想要 NULL 值，但有些情况下你不想要。你可能想显示所有的行政区，而不管是否在这里乘坐过出租车；你也可能不想这样做。虽然你以后可使用筛选器以删除后两列为 NULL 的行，但更明智的做法是，一开始就决定是否需要这些行。为此，可使用不同的连接语句：

```
SELECT c.customer_name, SUM(t.sales) FROM customer c INNER JOIN
transactions t ON (c.cust_id = t.cust_id);
SELECT c.customer_name, SUM(t.sales) FROM customer c LEFT JOIN
Transactions t ON (c.cust_id = t.cust_id);
SELECT c.customer_name, SUM(t.sales) FROM customer c RIGHT JOIN
transactions t ON (c.cust_id = t.cust_id);
```

这里语句的排列顺序很重要。仅输入 JOIN 时，默认将使用 INNER，它只匹配两边表中都有的数据。LEFT 返回命令左边表中的所有行以及右边表中匹配的数据，而 RIGHT 与此相反。

前面说过，并非只能连接两个表。但别忘了，连接的表越多，优化器无法对查询进行优化，进而创建糟糕的执行计划，导致查询速度缓慢的可能性越大。

6.6 对数据进行排序

通常，要对返回的数据集进行排序，至少在数据集供人使用时需要排序。在 SQL 中，要对数据集进行排序，可使用 ORDER BY。基本上，只需按顺序列出要用作排序依据的列。例如，如果要先按 borough 列排序，再按 zone 列排序，可像下面这样编写代码：

```
SELECT * FROM taxi_zone_lookup ORDER BY borough, zone;
```

如果要按逆序排列，可在列后使用关键字 DESC（降序）。如果没有指定排列顺序，默认为 ASC（升序）。在同一条语句中，可混合使用 DESC 和 ASC：

```
SELECT * FROM taxi_zone_lookup ORDER BY borough DESC, zone ASC;
```

这将先根据 borough 按降序排列数据，再根据 zone 按升序排列。刚才说过，其实可以省略 ASC，但很少会这样做。

6.7 函数

查看数据后，可能想对数据做某种处理，如将某些值累加。此时，分析工作才真正开始。所幸 SQL 提供了一系列很有用的聚合函数。可以先将信息分组，再让 Spark 对数据执行计数、汇总或其他数学算法或函数，例如：

```
SELECT ROUND(SUM(trip_distance),2) FROM yellowcab_tripdata_2019_06;
SELECT VendorID, SUM(fare_amount) total_amount FROM yellowcab_
tripdata_2019_06 GROUP BY VendorID ORDER BY total_amount;
```

第一个查询返回 6 月的总里程。注意这里是如何嵌套函数的：对函数 SUM 的结果执行函数 ROUND，以得到一个带两位小数的数值。

第二个查询返回各个出租车公司及其 6 月收取的总车费。总车费比较高，看来出租车行业的营业收入不少。为了简化排序工作，使用了别名。前面说过，默认按升序排列，因此收入最高的排在最后。

注意，未被聚合的列都必须出现在末尾的 GROUP BY 子句中，否则将收到错误消息。有时很容易忘记这一点，而收到的错误消息并非总是说明得很清晰。

还可使用很多其他函数，例如，可轻松地找出最小值、最大值和平均值。还可同时使用 HAVING 子句对结果集进行筛选：

```
SELECT MIN(fare_amount), MAX(fare_amount), AVG(fare_amount) FROM
yellowcab_tripdata_2019_06;
SELECT PULocationID, MIN(fare_amount), MAX(fare_amount), AVG(fare_amount),
COUNT(fare_amount) FROM yellowcab_tripdata_2019_06 GROUP BY
PULocationID HAVING COUNT(fare_amount) > 200000;
```

真不赖。前面介绍的只是 SQL 功能的很少一部分，但即便仅使用这些功能，也可对数据集做大量的研究工作，让你对其有大致的了解。你可能记得，还可以图形方式展示数据。在最后一个查询所在的单元格中，单击条形图按钮，再单击 Plot Options。在文本框 Values 中添加 AVG(fare_amount)，并删除计数（count）字段。将出现一个漂亮的数据集视图，它清楚地呈现了一个离群点（outlier）。

除数学函数外，还有很多其他的内置函数，具体地说是数百个。本章前面介绍了一些日期函数，本书后面将介绍其他函数。大多数函数都与数学计算、日期或字符串相关，但并非都如此。例如，可使用 md5 来生成 128 位的 MD5 校验和：

```
SELECT md5 ('Advanced Analytics')
```

注意，这里没有指定表，很多函数的用法都与此类似：你只需输入 SELECT、函数名和参数，Databricks 将自动假定有一个魔法行（magic row）。然而，通常情况下是对表中的列执行函数。

6.8 窗口函数

在 SQL 中，还有一组功能强大的分析工具需要深入地介绍。这些工具被称为窗口函数，在数据分析中很有用，让你能够将函数应用于一组数据行。例如，这让你能够对数据进行排名、比较不同的行、在同一个数据集中包含部分和全部聚合结果等。

使用这种工具可查看每天的车费以及总车费。如果不使用窗口函数，这将比较棘手，需要使用多个查询。但有了这套新工具后，这种任务完成起来要容易得多。我们先来创建一个聚合表：

```
CREATE TABLE taxi_june_day_sum AS SELECT dayofmonth(tpep_pickup_
datetime) day, passenger_count, sum(fare_amount) total_fare_amount FROM
yellowcab_tripdata_2019_06 GROUP BY dayofmonth(tpep_pickup_datetime),
passenger_count;
```

这将创建一个聚合表，其中包含按不同日期和乘客数量分组的总车费。这本身就是有趣的数据分析。下面来添加总车费，并将其与每天的车费进行比较：

```
SELECT
 day,
 passenger_count,
 total_fare_amount,
 round(sum(total_fare_amount) OVER (PARTITION BY passenger_count),2)
 passenger_total,
 round(total_fare_amount/sum(total_fare_amount) OVER (PARTITION BY
 passenger_count) * 100,2) pct
FROM
 taxi_june_day_sum;
```

这个查询分析起来有点麻烦，但只要循序渐进地进行分析，就能搞明白。我们获取日期、乘客数量和当天的车费，然后使用 SUM-OVER-PARTITION BY 结构按乘客数量分组，并计算各分组的总车费。接下来，我们执行同样的操作，但通过除以总车费合计得到各分组总车费的占比。

传统SQL难以处理的另一种情形是累计。如果要将各行的值加入变量中，并在每行中都显示这个变量的值，这在以前处理起来将很麻烦。在这种情况下，窗口函数也可救场：

```
SELECT
 day,
 passenger_count,
 total_fare_amount,
 sum(total_fare_amount) OVER (ORDER BY day, passenger_count ROWS
 BETWEEN UNBOUNDED PRECEDING AND CURRENT ROW)
FROM
 taxi_june_day_sum
ORDER BY
 day,
 passenger_count;
```

不同于前一个示例，这里对整个数据集执行了一个聚合命令，但对其进行了排序。这将生成移动总计，同时得到最终的总计值。在最后一行，移动总计值与累加相应列的结果相同。

这几个示例演示了窗口函数的使用方法。Databricks还支持很多其他的窗口函数：用于排名的Rank、Dense_Rank、Percent_Rank、Ntile和Row_Number以及用于分析的Cume_Dist、First_Value、Last_Value、LAG和Lead。除窗口函数外，还可使用众多的常规函数，如sum和avg。

下面是一个LAG函数使用示例。这个窗口函数从之前的某行中选择值，并在当前行中显示它。例如，使用这个函数可计算当前行和前一行之间相隔的时间。LAG的第二个参数指定要从之前的第几行获取值。

```
SELECT
 vendorid,
 tpep_pickup_datetime,
 LAG(tpep_pickup_datetime,1) OVER (ORDER BY tpep_pickup_datetime) lag1
FROM
 yellowcab_tripdata_2019_06;
```

即便使用窗口函数，也可能难以在一条语句中完成要做的所有工作。在有些情况下，需要执行多项操作，但不想保存中间结果集时，可使用子SELECT

语句：

```
SELECT * FROM (SELECT day, total_fare_amount, dense_rank() OVER
(ORDER BY total_fare_amount desc) ranking FROM (SELECT day, sum
(total_fare_amount)total_fare_amount FROM taxi_june_day_sum GROUP
BY day)) WHERE ranking <= 10 ORDER BY ranking;
```

这将列出总营业收入排在前 10 位的 10 天。这里使用的技巧是，从另一条 SELECT 语句返回的结果中选择数据，这嵌套了两层。可以嵌套很多层，还可并列地使用多条 SELECT 语句，但这样做时，SQL 代码看起来将难以理解。为了让代码更清晰些，可使用 WITH 子句：

```
WITH q_table AS
(SELECT day, sum(total_fare_amount) total_fare_amount FROM taxi_
june_day_sum GROUP BY day)
SELECT * FROM (SELECT day, total_fare_amount, dense_rank() OVER
(ORDER BY total_fare_amount desc) ranking FROM q_table) WHERE ranking <=
10 ORDER BY ranking;
```

这里说一下排名的事情，因为前面的代码使用了 dense_rank。还有一个名为 rank 的窗口函数，它们的不同之处在于，rank 在出现相同排名时会跳过一些数字，而 dense_rank 不会。因此，对于相同的数据集，rank 给出的排名可能是 1、1、3、4，而 dense_rank 给出的排名为 1、1、2、3。

正如所见，Databricks 提供了大量的函数。如果这些函数都不能满足需求，还可以自己创建函数。只是别忘了，函数的开销可能很大，使用它们会降低代码的执行速度。对于基于行的操作，这尤其明显。因此，在可以不使用函数如 UPPER 时，就不要使用，通常，更佳的选择是在准备阶段确保数据的大小写是一致的。

6.9 视图

在很多情况下，查询需要反复运行，但如果它使用了复杂的连接，每次要运行时都重新输入可能有点烦琐。为了解决这种问题，可使用视图。简单地说，视图存储了查询，并有名称与之关联：

```
CREATE VIEW borough_timespan_view AS SELECT tz.Borough, MIN(yt.
tpep_pickup_datetime) first_ride, MAX(yt.tpep_pickup_datetime)
last_ride FROM yellowcab_tripdata_2019_06 yt LEFT JOIN taxi_zone_
lookup tz ON (yt.PULocationID = tz.LocationID) GROUP BY tz.Borough;
```

有了视图后，可像表一样查询它，甚至可将它连接到其他表，并使用 WHERE 子句做进一步的筛选。在底层，Databricks 将重新创建该查询，并以最佳的方式执行它，就像是你手动输入的一样：

```
SELECT * FROM borough_timespan_view;
```

视图还常被用来向外部用户和应用程序暴露数据。通过添加一个逻辑层，可修改底层结构，而无须改动应用程序（有些应用程序可能不是你能控制的）。

视图还让你能够隐藏不想让他人看到的数据。通过只显示表中的某些列，可在提供数据时隐藏其中的某些部分。这将在第 10 章讨论安全时更详细地介绍。

有关视图还需要说明的一点是，当你向前面那样创建视图时，默认情况下其他用户是可以使用它们的。如果你希望它们只存在于当前笔记本中，可添加关键字 TEMPORARY。还可添加关键字 REPLACE，这将删除并重新创建指定的视图：

```
CREATE OR REPLACE TEMPORARY VIEW number_of_rows_view AS SELECT count(*)
FROM yellowcab_tripdata_2019_06;
```

这将创建一个视图（如果该视图已经存在，将替换它），你只能在当前会话期间在当前笔记本中使用它。这种做法主要用于编写清理作业。运行大型笔记本时，如果有支持表将大有裨益，但并非在任何情况下你都想支持表物化（materialize）。

6.10 层次型数据

前面讨论的都是由行和列组成的传统表。当前，经常会遇到更复杂的结构乃至文本文件，其中最常见的情况是，数据采用的是 JSON（JavaScript 对象表示法）格式。

SQL 并非是针对 JSON 这种类型的结构开发的，但 JSON 在大多数数据库产品中都很管用。Spark SQL（因此也包括 Databricks）在支持 JSON 方面非常出色。虽然处理 JSON 时，使用 Python 或 R 更容易，但使用 SQL 也能完成这种任务。我们先来使用 JSON 数据创建一个表：

```
%python
import json

x = '[{"brand":"Apple"
              , "models":["MacBook Air","MacBook Pro"]}
        ,{"brand":"Dell"
              , "models":["XPS","Latitude"]} ]'
js = json.loads(x)
with open('/dbfs/tmp/json_example.json', 'w') as outfile:
    json.dump(js, outfile)
```

这里使用 Python 创建了一个 JSON 文件。在这些数据中，包含两个计算机品牌，其中每个品牌都有两种型号的计算机。函数 loads 和 dump 确保要存储的数据可解析为 JSON，如果存在格式错误，将引发异常：

```
CREATE TABLE json_example USING json OPTIONS (path "/tmp/json_
example.json", inferSchema "true");
```

这些代码将包含 JSON 数据的示例文件加载到一个表中。如果像查询普通表那样查看这个表，将发现有些列与你以前见过的不同。在这里，models 列是包含多个元素的数组（这些元素显示在同一行中），它旁边有一个小箭头，你可通过单击这个箭头来展开/折叠数据：

```
%sql
SELECT brand, models FROM json_example;
```

如果要以更传统的方式查看数据，可将数组爆裂（explode）成行。这不仅能够获得更佳的数据视图，还可简化筛选：

```
%sql
SELECT brand, explode(models) FROM json_example;
SELECT * FROM (select brand, explode(models) as model FROM json_
example)
WHERE model = 'MacBook Pro';
```

就算你不需要在自己的数据库中存储 JSON 格式的数据，最好也掌握这个特性，因为从其他数据源中提取数据时可能会用到它。通过使用这个特性，可快速获悉数据的结构，进而确定要以规范化形式存储的信息。

6.11　创建数据

前面实现的大都是从既有表或文件中选择数据，现在该从零开始创建一些表，并使用新数据填充它们了。为此，将使用数据定义语言（data definition language，DDL）命令。

正如在本章前面和第5章看到的，表创建起来很容易。为此，要么有可用于定义模式的数据集，要么以手动方式定义表。例如，如果要存储出租车司机清单，可像下面这样创建一个表：

```
CREATE TABLE taxi_drivers (taxi_driver_id BIGINT NOT NULL, first_
name
STRING, last_name STRING);
```

这里创建表时，基本上使用的都是默认设置，唯一的例外是限定taxi_driver_id值不能为NULL。注意，Spark SQL并不会实施这样的约束，你完全可以在第一列中插入NULL值。这种约束信息主要供优化器用来就如何选择数据做出更明智的决策。注意这个小问题。

使用默认设置可能合适，也可能不合适。对于像这里这样的小型表，完全可以使用默认设置。大型表可能受益于合理的分区和集群设置，这在第5章介绍过。

如果再次运行这个命令，将收到一条错误消息。在以手动方式分步完成工作时，这无关紧要，但使用脚本完成工作时，这就是严重的问题。因此，更佳的做法是，让Databricks在表已经存在时忽略CREATE语句：

```
CREATE TABLE IF NOT EXISTS taxi_drivers
(taxi_driver_id BIGINT NOT NULL
,first_name STRING
,last_name STRING);
```

通常，最好添加注释，以对所做的工作进行说明，但很多人不这样做。你还可使用表属性来定义自己的标签和值，如果这样做，未来的用户（包括年纪更大的你）一定会感谢你：

```
CREATE TABLE taxi_drivers
(taxi_driver_id BIGINT COMMENT 'This is a generated key'
,first_name STRING
,last_name STRING)
COMMENT 'This contains all the taxi drivers driving in NY'
```

```
tblproperties('created_by'='Robert');
```

如果你以后想查看这个表（或其他任何表）的注释和表属性，只需使用命令DESCRIBE（DESC），并指定参数EXTENDED：

```
DESC EXTENDED taxi_drivers
```

这将显示大量的信息，向下滚屏就可找到Comment部分和Table Properties部分，其中包含一些信息。遇到不熟悉的表（尤其是列）时，可执行上述命令，如果你足够幸运，这或许能够让你对表有所了解。

创建表后，如果要对其进行修改，命令ALTER可提供帮助。使用这个命令可在不重新创建表的情况下添加或修改列：

```
ALTER TABLE taxi_drivers ADD COLUMNS (start_date TIMESTAMP
COMMENT 'First day of driving' AFTER taxi_driver_id);
```

到目前为止，只创建了表结构，表本身还是空的。下面来添加一些行，对这个表进行测试。输入数据后，可查看表，以确认其中确实包含刚输入的数据：

```
INSERT INTO taxi_drivers VALUES (1, current_date(), 'John', 'Doe');
INSERT INTO taxi_drivers VALUES (2, NULL, 'Jane', 'Doe');
SELECT * FROM taxi_drivers;
```

在第二行中，使用了NULL，因为我们不知道Jane是什么时候开始开出租车的。而该列是一个时间戳字段，不能将其值设置为未知。Databricks要求给每列都指定值，如果没有这样做，将引发错误。

Spark SQL有个比较怪异的地方，那就是不能指定要将数据插入哪些列中。在大多数数据库中，可编写类似于下面的语句，但在Databricks中，这种语句将引发错误：

```
INSERT INTO taxi_drivers (taxi_driver_id, first_name) VALUES
(3, 'Ronda');
```

完成上述操作后，该将这个表删除了。我们不想根据数据保护相关规定而受到惩罚，因此必须将包含可识别名称的表删除。所幸这很容易：

```
DROP TABLE taxi_drivers;
```

最好了解如何像本章和第5章介绍的那样手动创建表，但在数据分析中，更常见的情况是将另一个表或文件作为模板来创建表。如果你只想处理与涉及多名乘客的出租车业务相关的数据，应使用这些数据创建一个新表，这样每次处理数据集时，需要读取的数据将更少：

```
CREATE TABLE multiple_passengers AS SELECT * FROM yellowcab_
tripdata_2019_06 WHERE passenger_count > 1;
```

这个新表将继承原始表的结构，并使用查询返回的数据自动填充。这里的 SELECT 语句可能很复杂，别忘了给聚合列指定别名，否则语句将不能正确地执行。

6.12 操作数据

在本章前面，使用了 INSERT 命令在表中添加新数据，这是数据操作语言（Data Manipulation Language，DML）中的一系列函数所包含的操作。在 Databricks 中，每当需要创建并填充对象时，都将显式或隐式地使用 INSERT 命令。

这个命令最基本的用途是手动添加几行数据，这在本书前面介绍过。需要告知 Databricks，要将数据插入哪个表，并根据这个表的模式指定要插入的数据。

然而，手动添加数据不太常见，更常见的情形是，添加来自另一个数据源的数据。这分为两种情况，即根据查询创建一个新表（这在前面介绍过），或将查询返回的数据添加到既有表中：

```
CREATE TABLE yellowcab_tripdata_pass_part AS SELECT * FROM
yellowcab_tripdata_2019_06;
INSERT INTO yellowcab_tripdata_pass_part SELECT * FROM yellowcab_
tripdata_2019_06 WHERE passenger_count = 3; ;
```

这里复制了乘客数量为 3 的数据。如果要替换数据，传统做法是先使用 TRUNCATE TABLE 删除信息。这将快速删除表或指定分区中的所有数据：

```
TRUNCATE TABLE yellowcab_tripdata_pass_part;
TRUNCATE TABLE yellowcab_tripdata_pass_part PARTITION (passenger_
count=3);
```

Databricks 的 INSERT 实现的一个独特之处是，可在插入数据的同时清理数据。这让你能够更轻松地重新加载数据，这在任何情况下都是好事：

```
INSERT OVERWRITE TABLE yellowcab_tripdata_pass_part SELECT * FROM
yellowcab_tripdata_2019_06;
```

还可使用 INSERT 将数据保存到目录中。在 Databricks 中，需要使用数据来填充外部存储或要以通用格式快速导出数据时，这种特性将找到用武之地：

```
INSERT OVERWRITE DIRECTORY '/mnt/export/json/taxidata' USING
json SELECT * FROM taxi_zone_lookup;
```

这里假设将一个文件系统挂载到了上述路径(你在第 5 章很可能这样做了)。这些代码在文件夹 taxidata 中生成一个 JSON 文件,其中包含表 taxi_zone_lookup 中的数据，还会生成一些元数据文件。

需要指出的是，要将数据保存到目录，方法有很多。可使用 Python（这将在第 7 章介绍），还可使用 CREATE TABLE（因为使用它可将表存储为文本文件）。

6.13 Delta Lake SQL

第 2 章提到，存储在 RDD 中的数据是不可修改的，这让 RDD 的可伸缩性很好，且速度很快。然而，在很多常见的应用场景中，这是个大问题。虽然只对大型表做了少量修改，却必须重写表，这既耗时又令人沮丧。

第 3 章讨论过，为了进入传统数据库领域，Databricks 引入了 Delta Lake。这看起来好像没什么大不了的，但实际上意义巨大，因为这让 Databricks 能够在传统的商务智能领域发挥更大的作用。

Delta Lake 简化了数据清洗工作。在 Databricks 推出 Delta Lake 的新闻发布会上，赞成者发表了他们的看法。倾听这些看法是很有趣的事情，因为这些看法很有点让数据库获得了新生的味道。赞成者注意到了如下问题。

- 数据湖读写操作是不可靠的。
- 数据湖中的数据质量低劣。
- 随着数据量不断增加，数据湖的性能会越来越糟糕。
- 更新数据湖中的记录很难。

显然，对于海量的非结构化数据，很难对其进行高效的管理和使用。Databricks 竟然决定着手处理这些问题，这出乎所有人的意料（因此招致了冷嘲热讽），但这是好事，因为这将带来很多好处。

从 SQL 的角度看，这意味着可使用很多原本没有的数据操作选项，具体地说是 UPDATE、DELETE 和 MERGE。这些命令让你能够就地修改数据，它们与 INSERT 一样，也是 DML 操作集的组成部分。

在传统的运营型数据库中，这些操作就像面包和黄油一样不可或缺。但在决策支持系统中，通常应尽可能避免使用这些操作，因为它们的开销很大。可以使用这些操作是天大的好事，但一定要仔细想想是否真的需要使用它们。

要创建 Delta Lake 表，需要显式地说明。我们来创建 DELTA 版的 taxi_zone_lookup 表。我们将使用同样的数据来填充这个表，因此可将 taxi_zone_lookup 表作为模板。注意，这里创建表时，使用了 USING DELTA：

```
CREATE TABLE tzl_delta USING DELTA AS SELECT LocationID, Borough,
Zone, service_zone FROM taxi_zone_lookup;
```

这就创建了一个可对其执行 DML 命令的表。从表面看，这个表没什么不同，因为它与大部分 Databricks 特性都兼容，但可对它执行更多的操作，下面就来看看。

6.13.1 UPDATE、DELETE 和 MERGE

先来看 UPDATE。如果数据存在一些令人讨厌的小错误，可使用 UPDATE 来校正。为此，需要告知 Databricks，要修复哪个表、要修复满足什么条件的行以及如何修复：

```
UPDATE tzl_delta SET zone = 'Unknown' WHERE locationid = 265;
```

这将修改 locationid 值为 265 的行，将该行中 zone 列的值从 NA 改为 Unknown。当然，可使用 WHERE 子句同时修改多行。下面的代码修改 borough 列值为 Unknown 的所有行，将这些行的 zone 列值都改为 Unknown：

```
UPDATE tzl_delta SET zone = 'Unknown' WHERE borough ='Unknown';
```

如果没有指定 WHERE 子句，将更新所有行。除非表包含的行很少，否则这通常不是好主意，因为命令 UPDATE 的执行速度很慢。在大多数情况下，即便只有很少一部分数据需要修改，相比于使用 UPDATE 对这些数据进行修改，使用正确的数据重写整个表或分区的速度也更快。

还有一个工具是 DELETE，但你可能只偶尔使用它。你可能猜到了，这个命令用于删除不想要的数据。与命令 UPDATE 一样，可使用 WHERE 子句来筛选要删除的数据：

```
DELETE FROM tzl_delta WHERE locationid = 265;
```

执行这些代码后，数据集中 locationid 列值为 265 的所有行都将被删除，这可能与你预期的一致。这种操作的开销也很大，尽量不要使用。

使用频率可能更高的命令是 MERGE，这个小命令可极大地简化数据转换工作。大致而言，它让你能够根据一系列规则合并数据。在同一个 MERGE 语句中，可同时使用 UPDATE、INSERT 和 DELETE。我们来准备一个更新（update）表：

```
CREATE TABLE taxi_zone_update AS SELECT * FROM taxi_zone_lookup
where 1=0;
INSERT INTO taxi_zone_update VALUES (264, 'Unknown', 'Not
applicable', 'Not applicable');
INSERT INTO taxi_zone_update VALUES (265, 'Upcoming', 'Not
applicable', 'Not applicable');
```

第一行代码创建 taxi_zone_lookup 表的备份，但其中没有任何数据，因为 WHERE 子句中的谓词不可能为真。接下来插入两行数据，以便对主数据集中的未知（Unknown）行进行处理。下面使用这些新信息来更新主数据集：

```
MERGE INTO tzl_delta tz
USING taxi_zone_update tzUpdate
ON tz.locationID = tzUpdate.locationID
WHEN MATCHED THEN
  UPDATE SET borough = tzUpdate.borough, zone = tzUpdate.zone,
  service_zone = tzUpdate.service_zone
WHEN NOT MATCHED
  THEN INSERT (locationid, borough, zone, service_zone) VALUES
  (tzUpdate. locationid, tzUpdate.borough, tzUpdate.zone, tzUpdate
  .service_zone);
```

这些代码看起来有点恐怖，但实际上并非如此。我们来详细介绍。先指定了目标表 tzl_delta。然后指定了源表和连接条件。接下来是合并逻辑：一行代码使用的是 UPDATE，而另一行代码使用的是 INSERT。原本也可在这里使用 DELETE。

需要在既有数据集中连续添加新数据（如每日负荷）时，MERGE 常常是最适合的命令。例如，跟踪物流情况时，装运状态会随时间的流逝而变化，因此你可能想根据一系列规则修改数据。

需要指出的有趣的一点是，在很多情况下，即便只想更新信息，也应使用 MERGE（而不使用 UPDATE），因为 MERGE 的运行速度更快，在所做修改依赖于复杂的连接时尤其如此。

6.13.2 确保 Delta Lake 状况良好

Delta Lake 存在的问题之一是，随着时间的流逝，性能可能会降低。缓解这种问题的方式有多种，第一种是运行优化命令。这将在讨论优化时详细介绍，就这里而言，可运行如下命令来检查这一点：

```
OPTIMIZE tzl_delta
```

有趣的是，可选择只对很小一部分数据做这种处理。例如，在可能的情况下，应对马上要使用的数据进行精简，将历史数据剔除或以后再处理。

这种优化是在后台进行的，不会影响其他用户查询数据。然而，这种优化会占用大量资源，因此不要执行不必要的优化。奇怪的是，这个过程必须手动完成，无法让 Databricks 自动执行。

Databricks 宣称这样做是有原因的，如会消耗资源、不知道你如何使用表等，然而，Databricks 能够也应该提供选择空间，让你想自动完成就能够自动完成。这在不久的将来有望变成现实。就目前而言，你必须对其进行调度（调度将在第 10 章更详细地介绍），或者将其添加到作业中。

那么，这个命令应该多久运行一次呢？这方面没有可遵循的硬性规定（如果有的话，Databricks 就会遵循该规定，并进行自动化了）。这种优化操作可提高访问速度，因此你需要在精简的时间和查询数据所需的时间之间进行权衡。例如，对于只读取一次的数据，对其做这种处理不合情理，但对于有 100 个作业所使用的表，为了提高这 100 个作业的运行速度而运行一个大型作业就非常合理。

你要考虑的还有一点是将旧快照删除。事务日志默认保留 30 天。使用 VACUUM 删除文件时，默认保留时间为 7 天，但你可指定保留时间：

```
VACUUM tzl_delta RETAIN 200 HOURS
```

注意，不要将保留时间设置得太短，否则可能会删除被长期运行的作业所使用的文件。实际上，如果试图将保留时间设置成短于 168 小时，Databricks 将发出警告。

6.13.3 事务日志

Databricks 使用日志跟踪对 Delta Lake 表所做的所有修改。这让你能够查看所有版本的数据，甚至还可查看表在特定时间点是什么样的。如果要获悉两个时间点的数据有何不同，不用自己编写任何逻辑就能实现这个目标。我们来做以下简单测试。注意，最后一条语句中的日期必须适当修改，否则不能正确运行。

```
DESCRIBE HISTORY tzl_delta;
SELECT * FROM tzl_delta VERSION AS OF 1 MINUS SELECT * FROM
tzl_delta
VERSION AS OF 0;
SELECT * FROM tzl_delta TIMESTAMP AS OF'2020-01-01 10:00:00' ;
```

这是一种很有趣的特性，用途非常广泛。可使用它来修复错误。如果有人不小心删除了几行，只需查看以前的版本，并使用返回的结果集来更新当前版本，从而解决这个问题。

正常情况下，我们不想永久保留日志，默认设置是保留 30 天。如果想保留得更长或更短些，可自行设置。后面讨论设置时将更详细地介绍这一点。

6.13.4 选择元数据

正如所见，SQL 命令也可用来从系统获取元数据。只需使用几个简单的命令（如前面介绍过的 DESCRIBE），就可获得有关数据库中对象的大量信息。DESCRIBE 也是用得最多的命令之一：

```
DESCRIBE taxi_drivers
DESC detail taxi_drivers
```

后一个命令提供有关表的信息，用于 Delta Lake 最能发挥其作用。正如所见，获取表数据的方式有很多。

还有一个功能强大的命令是 SHOW。与 DESCRIBE 类似，它可帮助你更深入地了解对象。这个命令有很多种形式，下面来详细介绍，看看它们能做什么：

```
SHOW DATABASES
SHOW DATABASES LIKE '*taxi*'
```

这将列出当前 Databricks 工作区中的所有数据库（也称为模式）。从第二条语句可知，可使用筛选器来限定结果集。知道有哪些数据库后，运行以下命令可查看数据库中的表。注意，在 LIKE 子句中，通配符为星号，而不是百分比符号。

```
SHOW TABLES
SHOW TABLES FROM default LIKE '*fare*'
```

第一个命令列出当前数据库中的所有表。要列出其他数据库中的表，需要使用参数 FROM 来指定数据库。与 SHOW DATABASES 命令一样，可使用 LIKE 来筛选返回的结果。如果要更深入地了解某个表，可使用另一个命令：

```
SHOW TBLPROPERTIES taxi_drivers
```

仅当指定了表属性时，这个命令才能发挥作用。如果没有指定表属性，这个命令将不会提供太多信息。如果使用 DESCRIBE EXTENDED，能查看的信息将更多，需要编写脚本时，这个命令很有用。你还可查看给定属性的状态，以决定接下来如何做：

```
SHOW COLUMNS FROM tzl_delta
```

这将列出指定表中的所有列。这个命令不会显示类型和注释，因此除非只想知道列名，否则最好使用前面说的 DESCRIBE 命令。

还可列出可供使用的函数。这将生成一个很长的列表，其中包含可在 Databricks 中使用的所有函数。这个列表虽然很长，但浏览一下很有好处，因为你将找到一些很有用的函数：

```
SHOW ALL FUNCTIONS
SHOW SYSTEM FUNCTIONS LIKE '*SU*'
SHOW USER FUNCTIONS LIKE '*TAX*'
```

参数 SYSTEM 限定结果集，使其只包含内置函数；指定了参数 USER 时，将只返回你自己编写的函数；而指定了参数 ALL 时，将返回所有函数（这可能与你的预期一致）。在这里，还可使用 LIKE 命令来限定结果集。

顺便说一句，我将这个列表导出到一个文本文件，这让我随时都可轻松地获悉有哪些函数可用。这个列表很长，而我使用它的频率不高，因此无法记住全部函数，但通过浏览这个列表，可找到我想要的函数。

6.13.5 收集统计信息

还有一点最好了解，那就是运行查询时，Databricks 优化器（名为 Catalyst）将查看要执行的操作，并创建一个计划，以确保尽可能高效地获取数据。然后，Databricks 将尽可能执行该计划。

然而，Catalyst 创建计划的基本方式是遵循一系列规则。在有些情况下，创建的计划足够好，但通常不够好。所幸有一个基于开销的优化器，在确定怎样获取数据才能够最大限度地提高速度方面，它做得更好。

为了高效地做出这方面的决策，基于开销的优化器需要获悉有关它要读取的表的统计信息。拥有的有关对象的信息越多，它做出的猜测越准确。为了给这个优化器提供帮助，可运行命令 ANALYZE TABLE：

```
ANALYZE TABLE yellowcab_tripdata_2019_06 COMPUTE STATISTICS;
ANALYZE TABLE yellowcab_tripdata_2019_06 COMPUTE STATISTICS FOR
COLUMNS
tpep_pickup_datetime,tpep_dropoff_datetime, PULocationID,
DOLocationID;
```

第一个命令扫描指定的表，以收集有关该表的总体信息。第二个命令除扫描表外，还扫描指定的列。对于常用的列，最好收集有关它们的统计信息。

注意，运行分析的时机很重要。如果你填充一个表，对其进行分析，再修改其数据，将让优化器感到迷惑。请牢记，糟糕的表统计信息常常是导致性能糟糕的罪魁祸首。

可运行以下命令预览 Databricks 打算使用的计划，这可提供极大的帮助，让你能够找出特定查询的执行时间超过预期的原因。显示的计划不是很直观，第 11 章将再次探讨这个主题。

```
EXPLAIN SELECT * FROM yellowcab_tripdata_2019_06;
```

对于这里这样的简单查询，命令 EXPLAIN 提供的帮助有限。仅当查询很复杂，包含多个连接时，这个命令将提供极大的帮助。预览计划后，需要确保优化器执行工作的方式是正确的。

6.14 小结

本章帮助你熟悉了被广泛用于数据分析的 SQL。学习了如何从表中选择数据、如何对数据进行筛选和排序以及如何将表与其他数据集合并。

然后，我们将数学函数应用于结果集，以便对数据有更深入的洞察。通过使用简单的 SQL 特性，我们获取了有关出租车业务的聚合信息。

接下来，介绍了 Delta Lake SQL——Databricks 未来的数据处理方式。Apache Spark 对更新、删除和合并提供了完美的支持，这让 Databricks 能够在更多的应用场景中发挥作用。

最后，我们使用一些魔法命令获取了有关对象和优化器的元数据信息。

这里只是简要地介绍了 Databricks 中的 SQL。SQL 主要用于数据分析项目的探索阶段。需要做更复杂的工作（包括运行算法代码）时，必须使用其他工具——很可能是 Python。该开始真刀真枪地编写代码了。

第 7 章
Python 的威力

在很短的时间内，Python 就成了数据科学和数据工程领域最重要的工具之一。本章深入探讨如何结合使用 Python 和 Apache Spark DataFrame API 来高效地处理数据。

我们将讨论 Python 并简要地介绍其组织结构；重温 DataFrame，并学习如何使用某些内置特性来鼓捣数据。

准备好数据集后，将学习如何选择数据、筛选出想要的信息并通过运行各种函数来得到想要的结果。然后，将介绍如何将数据写入文件系统以及如何从文件系统读取数据。

最后，将介绍如何使用各种连接语句来联合多个 DataFrame，以创建新的 DataFrame 或扩展既有 DataFrame。还将介绍如何生成能让最大型的服务器俯首称臣的笛卡儿积。

7.1 Python——不二的选择

前面说过，可通过很多语言来使用 Databricks，至少在准备通过工具连接到 Databricks 时是这样的。然而，如果要在笔记本用户界面中工作，将只能使用 4 种语言。

很多人使用 Scala，Apache Spark 就是用这种语言编写的，而且在很长的时间内，它曾是执行速度最快的语言。有些数据科学家喜欢使用 R，因为它最初就是为统计计算而开发的。第 6 章说过，几乎每个人都或多或少地会使用 SQL，但它缺乏可方便地用来构建数据流（data flow）的特性，这让另一种语言得以大行其道。

这就是 Apache Spark 领域最流行的语言之一——Python。Python 历史悠久，在数据分析开始普及时就已风生水起。KDnuggets 是一个专注于数据科学的网站，每年都调查用户最喜欢的工具。在 2019 年的调查中，Python 获得了 65.8%的支持率，位居榜首（2017 年为 59%），排在第二位的是 RapidMiner，只获得了 51.2%的支持率。

在数据科学领域，Python 的表现非常出色，而它也是优秀的通用语言，不仅可用于处理数据，还可用于编写 Web 服务和计算机游戏。因此通过学习 Python 所获得的技能，不仅在数据处理和服务器管理自动化领域能够找到用武之地，还可在读取树莓派的引脚中发挥作用。

最重要的是，Python 学习起来相对容易。Python 代码通常易于理解，而且是解释型的，这意味着无须编译就可运行代码，非常适合用于快速进行试错开发。

另外，Python 还提供了海量包可免费下载，其中每个包都提供了可简化开发工作的功能。这些包都可在 Databricks 中安装，进而在笔记本中使用。

通过访问 PyPi 官网，将发现那里有数十万个项目，可使用搜索框查找感兴趣的内容。在数据科学领域，常用的 3 个包是 Pandas、SciPy 和 scikit-learn。

由于上述原因，在你的数据探索之旅中，Python 是最常遇到的语言，在 Spark 和 Databricks 中更是如此。有鉴于此，本书将要花相当长的篇幅让你熟悉 Python，我们先来看看它是什么样的。

7.2 加强版 Python 简介

这里不深入探讨 Python 基础知识，而以走马观花的方式概述最重要的内容，让你能够快速上手，即便以前掌握的这方面知识很有限。只要你有一定的编程经验，就足够了，这里编写的大多数代码都非齐备的，而只是数据操作片段。

有一点非常重要，那就是当前 Python 有两个主版本：Python 2 和 Python 3。多年来，这两个版本都是并行开发的，但在你阅读本书时，Python 2 已被搁置。无论是在 Apache Spark 还是传统软件中编写代码，都务必使用 Python 3。

与其他大多数语言一样，Python 也使用变量，并使用等号给变量赋值。Python 中有很多基本数据类型，如整型、双精度值和字符串，同时还有在数据科学领域很有用的列表、元组和字典：

```
i = 1
s = 'String'
l = ['This','is','a','list']
d = { 'A':5, 'B':6 }
```

对于字符串，可用单引号引用，也可用双引号引用，具体选择哪种无关紧要，这为你要在字符串中包含句子时提供了极大的方便。另外，字符串是字符数组，可从中提取子串。下面的第二个命令打印索引 5 到 8 处的字符，结果为 believe。

```
s = "I can't believe it"
print(s[8:15])
```

分支主要是使用以下 if/elif/else 语句实现的：在开头使用 if 执行主检查；使用 elif 执行额外的检查；使用 else 捕获其他情况。为了区分 if 语句和要执行的语句，可使用冒号和缩进。注意，缩进是必不可少的，如果在该缩进的地方不缩进，或者在不该缩进的地方缩进，将引发错误。

```
x = 1
if x == 1:
  print('One')
elif x == 2:
  print('Two')
else:
  print('Neither one or two')
```

循环是使用以下 for 和 while 语句实现的：知道要迭代多少次时使用 for，不知道时使用 while。与 if 语句一样，需要用冒号和缩进将循环语句与要执行的语句区分开来。

```
# This is the for loop
for x in ['Spark','Hive','Hadoop']:
  print(x)

# This is the while loop
x = 0
while x < 10:
  print(x)
  x = x + 1
```

在代码中，可调用函数。调用函数时，参数放在括号内，并用逗号分隔。在下面的示例中，使用了函数 range 来编写 for 循环。第一个参数为起点，第二个为终点，第三个为步长。

```
for i in range(1,10,1):
```

```
  print(i)
```

当然，也可编写自定义函数。在最简单的情况下，使用以下 def 语句来定义函数，给函数指定名称，并以参数的方式指定它接受什么样的输入。在函数体中，指定要运行的代码，并在最后返回结果（如果有的话）。

```
def my_function(input_var):
  return(input_var * 2)

# This is calling the function.
my_function(4)
```

有大量的现成函数，它们是以包的方式提供的。要使用这些函数，需要安装相应的包（通常使用终端命令 pip 来安装），再在代码中导入函数。可导入整个包，也可只导入要使用的函数。另外，还可给导入的包或函数指定别名。

```
import time
time.sleep(10)

import time as t
t.sleep(10)

from time import sleep
sleep(10)
```

注释是在行首使用#标识的（你可能在前面的代码中注意到了这一点），它们不会被执行。虽然给代码添加注释很容易，但大多数人都在这方面做得不够。在代码中添加丰富的注释吧，以后定会有人（包括你自己）因此而感谢你的。

```
# This won't be executed, but it also won't create an error.
def my_function(input_var):
  return(input_var*2) # This works too.
```

在 Python 中，几乎在任何地方都可使用函数，更重要的是，可以轻松地串接函数。即便看起来微不足道的对象（如变量），也可对它调用大量的函数。而对于字符串等，可对其调用的函数数不胜数。

```
s = ' spring'
s.replace('p','t').strip().capitalize()
```

如果要处理错误，Python 也提供了内置支持。可将代码放在 try/except 结构中，以确保错误被捕获。如果知道可能发生什么样的错误，有时还可自行处理。

```
try:
  # This is where your code goes.
  1 + 1 + int('A')
```

```
except:
  # This will trigger when there's an error in the body above.
  print("You can't convert a letter to a number")
```

有关 Python 的简要介绍就到这里。Python 是出色的语言，有很多专门介绍它的图书。这里无法深入介绍 Python，幸好本书所涉及的大部分工作都与 Spark 相关，只需具备 Python 基础知识就够了。

7.3 查找数据

既然 Python 使用起来非常容易，我们来看看能否用它来鼓捣一些数据。这里将使用 Databricks 为了方便你鼓捣数据而提供的文件，具体地说是来自美国交通部交通运输统计局的国内航班准点信息。

这些文件存储在 DBFS 中，因此可使用%fs 命令来研究。我们先来看看文件夹结构：位于文件夹 databricks-datasets 下的文件夹 airlines。

```
%fs ls /databricks-datasets/airlines
```

在这个文件夹中，有一个 readme 文件。这种文件很常见，用于提供有关数据集的信息。可使用 head 命令来查看这个文件开头几行的内容：

```
%fs head /databricks-datasets/airlines/README.md
```

这让你能够获悉一些背景信息，以及有关信息来源方面的内容。在这里，运行命令 head 后还显示了所有的数据，但并非总是如此。如果需要查看更多的内容，可尝试在驱动器节点中使用 shell 命令，但在这种情况下需要给路径加上前缀/dbfs/：

```
%sh cat /dbfs/databricks-datasets/airlines/README.md
```

如果仔细查看文件夹结构，将发现文件夹 airlines 中还有数据文件。这些文件的名称由 part-和 5 位编号组成，其中第一个编号为 00000。我们来看看能否使用少量 Python 代码来确定有多少个数据文件：

```
import glob
parts = glob.glob('/dbfs/databricks-datasets/airlines/part*')
len(parts)
```

这里有几点需要说明。在查看文件系统方面，Python 提供了很多相关的函数，其中的两个是 os 包中的 walk 和 listdir。这里要使用通配符进行查找，因此选择使用函数 glob。

为了调用这个函数，使用的是 glob.glob。这看似奇怪，但意思是要调用 glob 包中的函数 glob。参数是文件的路径，你可能注意到了，该路径的开头为/dbfs/，这是因为我们是在驱动器节点上运行这些代码的。在驱动器节点上，DBFS 被挂载到/dbfs。

结果是一个很长的列表，其中包含名称与 part*匹配的所有文件。通过使用函数 len，可计算列表包含的元素个数。最终结果是 1920 个文件，真的很多。如果使用的是小型集群，处理这个数据集将需要很长时间，因此我们将只使用一个子集。下面来看看如何处理数据，但在此之前，我们先想想加载的数据位于什么地方。

7.4 DataFrame——活动数据的居住之所

在 Databricks 中，几乎可以任何想要的方式运行 Python，但最佳的方式是通过 DataFrames API。可将 DataFrame 视为表，其中包含具名列，对于这些列，还指定了其数据类型。列的名称和类型通常称为模式。

在幕后，DataFrame 是基于 RDD 的，但除非需求非常特殊，否则只需使用 DataFrame。

如果你熟悉 R 语言或 Python 包 Pandas，肯定知道数据框架（dataframe）。DataFrame 与数据框架类似，但不是一码事，请务必牢记这一点。这可能让你迷惑，因为并非所有概念都是可平移的。使用 Pandas 能够做的事情，在 Spark DataFrame 中不一定能做，反之亦然。另外，它们的语法也不一样。

Apache Spark DataFrame 的真正优点在于易于使用。在本章后面你将看到，有很多可直接使用的现成功能，只需使用几个命令，就可对大量数据执行复杂的函数。在幕后，Apache Spark 将确保函数得以高效地运行。我们来看看这样的命令是什么样的：

```
df = spark.read.parquet()
df.count()
```

这些代码读取一个 Parquet 文件，并让你能够通过变量 df（表示 DataFrame）来访问它。当然，可使用任何变量名，如 myDF 或 my_dataframe。变量 df 表示一个 DataFrame，因为函数 read 返回的是一个 DataFrame。

接下来的命令计算 DataFrame 包含多少行。由于这是一个行动操作，因此此时作业将运行。几秒后，就将看到结果。

别忘了，转换操作不会触发任何计算，因为Spark使用的是惰性绑定。这意味着遇到行动请求后，Spark才会执行命令。编写复杂代码（后面将这样做）时，务必牢记这一点。

DataFrame可使用外部数据，也可使用存储在DBFS中的信息。它还能读取Hive，并使用SQL将数据存储到DataFrame中。

数据准备就绪后，可对其执行大量的转换操作和行动操作。当然，你可将结果返回到自己选择的地方，这是在关闭集群前必须做的事情，因为DataFrame仅在节点处于活动状态时才会有效。

这里的重点是，正在处理Apache Spark中的数据大都存储在DataFrame中。有了这方面的背景知识后，我们来动手加载一些数据吧。

7.5 加载一些数据

我们知道数据在什么地方，还知道其格式，但还不知道内容是什么样的。前面查看了readme文件的开头几行，这里也需要查看第一个数据文件的开头几行：

```
%fs head /databricks-datasets/airlines/part-00000
```

你将发现有一个文件头，且分隔符为逗号。有趣的是，只有第一个数据文件是这样的，至少在文件头方面如此。先不管这些，我们将第一个文件读入DataFrame，并查看它：

```
df = spark
        .read
        .option('header','True')
        .option('delimiter',',')
        .option('inferSchema','True')
        .csv('/databricks-datasets/airlines/part-00000')
```

正如你在本书前面看到的，读取数据时，可指定的选项有很多。这里先将文件夹airlines中的文件part-00000读取到名为df的DataFrame中。通过指定选项告知Spark，有一个表头行，分隔符为逗号。然后，我们让系统推断模式，因为没有其他获悉模式的办法。我们来确定模式看起来是正确的：

```
df.printSchema()
```

命令printSchema显示指定DataFrame的模式。粗略地看，模式是正确的，但后续将发现，实际上不那么正确。现在暂时不管它，并接着查看实际的数据：

```
display(df)
```

命令 display 接受 DataFrame，对其进行整理，并以网格形式显示它。

我们获取了第一个文件中的前 1000 行，这让我们能够验证数据，确认它们与预期一致。

如果不想获取这么多数据，可使用命令 limit。这个命令的用途有很多，并非只能像下面演示的那样减少获取的行数。需要大致浏览一下大型数据集的结构时，limit 命令很有用。

```
display(df.limit(5))
```

还有一个命令可用来查看数据，那就是 show。使用它获得的是原始格式的结果，看起来并不是那么整齐，但它可提供 display 命令的整齐结果中可能缺失的信息。另外，display 命令是 Databricks 特有的。要查看命令 show 显示的结果是什么样的，运行如下代码：

```
df.show()
df.limit(5).show()
```

整个数据集非常大，因此不能读取其中的所有文件，至少在集群不大时如此。即便集群很大，处理时间也会很长。有鉴于此，我们在合适的地方使用星号，以限制数据量。读取 10 个文件应该没问题，下面的代码演示了如何这样做，但不要执行它们：

```
df = spark
.read
.option('header','True')
.option('delimiter',',')
.option('inferSchema','True')
.csv('/databricks-datasets/airlines/part-0000*')
```

真是太棒了。星号并非只能放在末尾，可根据需要使用这个通配符，以创建复杂的模式（pattern）。这个通配符还适合用于指定文件夹，因此可指定类似于 /mydata/20*/*/daily.csv 的路径，这将获取 2000～2099 年所有月份的数据，当然前提条件是你使用的文件夹结构就是如此。

前述命令存在的问题是，如果文件很大，将为推断同样的模式（schema）花费很长时间。如果知道模式是一样的，可通过读取一个文件来确定模式，再将该模式用于后续文件。

另外，前面说过，这里只有第一个文件有文件头。因此，如果对所有文件都指定选项 inferSchema，结果将很怪异。下面演示的技巧解决了这个问题。

```
df = spark
.read
.option('header','True')
.option('delimiter',',')
.option('inferSchema','True')
.csv('/databricks-datasets/airlines/part-00000')

schema = df.schema

df_partial = spark
.read
.option('header','True')
.option('delimiter',',')
.schema(schema)
.csv('/databricks-datasets/airlines/part-0000*')
```

在这个示例中，我们像前面一样读取第一个文件，再从 DataFrame df 中复制模式，并将其存储到变量 schema 中。在接下来的命令中，使用了这个变量，不使用选项 inferSchema，而使用命令 schema。

如果你尝试这两种做法，将发现第二种做法的速度更快。它们的唯一区别是，是否推断模式。在指定了选项 inferSchema 时，Spark 将仔细阅读文件，并查看所有的列以确定其类型。这需要时间，在文件很大时尤其如此。

当然，更好的替代方案是指定模式，但前提条件是知道模式或要使用特定模式。在这种情况下，无须执行上述额外步骤。下面演示了如何指定模式，但省略了一些列，以免代码超过一页。

```
from pyspark.sql.types import IntegerType, StringType, StructField,
StructType

schema = StructType([
                StructField("Year",IntegerType(),True),
                StructField("Month",IntegerType(),True),
                StructField("DayofMonth",IntegerType(),True),
...
                StructField("IsDepDelayed",StringType(),True)
])
```

数据类型是在 pyspark.sql.types 库中定义的，这里只导入了 IntegerType 和 StringType，但还有很多其他数据类型，如 DateType 和 DoubleType。要导入所有数据类型，可使用 from pyspark.sql.types import *。

导入数据类型后，以 StructType 的形式定义了模式。要创建 StructType，需要指定一个 StructField 列表。这就是我们接下来做的——每个 StructField 一行。在 StructField 中，我们指定了列的名称和类型，并告知 Spark 这个列是否接受 NULL。这样就定义了一个模式，可在读取文件时使用。在上述代码中，省略号（...）表示删除了很多行的代码，它并非实际语法的组成部分。

在 StringType 和 IntegerType 后面，都添加了一对空括号，你注意到了吗？Python 使用这种方式来指出当前对象是函数，而不是变量或常量。注意看 StructField，它后面也有一对括号，括号中的内容是参数。稍后介绍如何创建自定义函数时，将再谈这个主题。

一个有点令人讨厌的细节是，可从任何 DataFrame 中获取模式（你在前面看到过），但获得的模式是 Scala 格式的，因此不能直接将其平移到 Python 中，而需要做些修改，使其与下述代码显示的结构兼容。

```
print(df.schema)
```

就目前而言，我们通过推断获得的模式足够好。将数据载入 DataFrame 后，该开始鼓捣了。我们先来看看数据是什么样的，有多少行，为此可使用如下代码。

```
display(df.dtypes)
df.count()
```

count 执行起来需要花些时间，你注意到了吗？这是惰性求值带来的影响。遇到行动操作后，才会实际执行代码。第一个命令只是在 Hive Metastore 中查找信息，而不会读取数据，这种做法非常聪明。为了查看数据，再次运行 display 命令。

```
display(df)
```

需要指出的是，如果你使用的集群很小，又不想等待太长时间，可读取更小的文件。虽然这里的数据集并非巨大无比，但包含的数据超过 10 亿行，足以让 Spark“汗流浃背”。即便只载入文件 part-00000，后面使用的命令也管用。

7.6 从 DataFrame 中选择数据

准备工作完成后，我们先只查看 year、month、dayofmonth、arrdelay 和 depdelay 列。这将在列层面筛选数据，通常是不错的选择。可以只读取需要的数据。查看这些列的方式有很多，我们来尝试以下两种。

```
display(df['year', 'month', 'dayofmonth', 'arrdelay','depdelay'])

display(df.select(['year', 'month', 'dayofmonth', 'arrdelay',
'depdelay']))
```

可选择使用其中任何一种方式，它们没有什么不同。在有些情况下，从语法的角度看，一种方法使用起来可能比另一种方法容易，但这主要取决于个人偏好。我个人喜欢根据具体情况选择使用恰当的方法。

不管使用哪种语法，简单的选择都不是很有趣。我们来做些聚合操作。如果能知道航班每月的平均延误时间就太有趣了：

```
display(df.groupBy('Month').avg('arrdelay'))
```

这些代码不管用！是不是觉得奇怪？所幸给出的错误消息指明了正确的方向：arrdelay 不是数值列。我们回过头去看看模式，结果表明模式推断做得并不好，arrdelay 列被解析为字符串，而不是数字。这可能意味着这个列包含一些非数字值。

本章后面将介绍如何使用代码查找不符合预期的行，这里只浏览命令 display 显示的 1000 行。用不了多久，你就将找出罪魁祸首：在数据中，有一些令人讨厌的 NA。

因此，如果要对这列执行计算，就需要清除这些内容。完成这项工作的方式有很多，将在第 8 章详细讨论。这里采取权宜之计，对其进行转换：

```
from pyspark.sql.types import DoubleType
from pyspark.sql.types import DoubleType

df = df
        .withColumn("ArrDelayDouble",df["arrdelay"]
        .cast(DoubleType()))
```

这里导入了 DoubleType，因为这是要转换的目标数据类型。接下来该开始处理了。命令 withColumn 可用于添加新列或替换既有列。虽然原本可以替换 arrdelay 列，但最好保留原来的列，以防后面需要查看它。

因此，这里创建了新列 ArrDelayDouble。第二个参数指定要在该列中添加的数据。我们将 arrdelay 列作为数据源，但将其转换（准确地说是强制转换）成了另一种数据类型，且结果被发回给 df。

如果现在查看前述列，将发现 NA 变成了 NULL，对数据类型为 DoubleType

的列来说，这是可以接受的。下面来看看能否运行前面的查询，但愿不会引发错误。

```
display(df.groupBy('Month').avg('arrdelaydouble'))
```

能够正确地运行了，且返回了各月的平均延误时间。这里需要注意一个有趣的细节，数据中有 NULL 值，那么平均值是如何计算得到的呢？包含 NULL 值的行占比是多少？

处理 NULL 值

NULL 值可能会令人迷惑。前面说过，但这里还要重申，NULL 值真的可能带来麻烦。在前面清理 NA 的示例中，并没有确定 NA 出现的频率，这意味着计算得到的平均值可能并没有你想的那么可信：

```
%sql
create table if not exists null_test (
        a integer,
        b integer);
insert into null_test values (1,2);
insert into null_test values (1,null);
insert into null_test values (1,2);
select avg(b) from null_test;
```

你预期的结果会是什么？答案是 2。这个表中有 3 行，正常的想法是，结果为$(2+0+2)/3 \approx 1.33$。但实际情况并非如此，NULL 值不是零，实际上，它什么都不是。如果不小心应对，NULL 将导致结果不正确。需要特别注意 NULL，并在执行数学运算前妥善地处理它们。

7.7 串接命令

前面介绍 Python 和 DataFrame 时，你可能注意到了，命令被堆叠起来了。这让你能够构造操作链，同时提供了极大的灵活性。

```
display(df
        .select(['Year','ArrDelayDouble'])
        .groupBy('Year')
        .avg('ArrDelayDouble'))
display(df['Year','ArrDelayDouble']
        .groupBy('Year')
        .avg('ArrDelayDouble'))
display(df
        .groupBy('Month')
        .avg('arrdelaydouble'))
```

可以像这样不断加长链条的方式真的是很灵活，但排列顺序很重要。Python 不会自动确定该以什么样的顺序执行操作，因此一定要注意顺序。

另外需注意，就像前面选择数据一样，以上这些变体的执行结果都相同，因此应尽量选择最清晰的形式。在我看来，这里的 select 部分没有一点作用。

我们转向这里的 groupBy 函数，看看能否扩展它。前面说过，可使用数学函数 avg，还有数以百计的其他函数可用，如 min、max、floor、ceil、cos、sin 等，它们位于众多模块中。

我们将花大量时间介绍可使用的 pyspark 模块，尤其是 SQL 部分，它让你能够在 Python 中像使用 SQL 那样编写查询。要使用 SQL 函数，需要先导入它们：

```
from pyspark.sql.functions import *
```

这里的星号告知 Python，我们要导入所有函数。如果你更喜欢显式地做，可只导入要使用的函数。例如，可编写类似于下面的代码，只导入函数 col 和 year。

```
from pyspark.sql.functions import col, year
```

对 DataFrame 执行这些函数的方式很像使用 SQL。查看过足够多的代码后，你将能够快速在这两种环境之间切换。我们来看几个串接命令的示例：

```
display(df
        .filter(df.Origin == 'SAN')
        .groupBy('DayOfWeek')
        .avg('arrdelaydouble'))
```

筛选是最常执行的操作之一。在这个查询中，我们请求返回始发机场为圣地亚哥机场（其机场代码为 SAN）的航班。正如所见，先做这个操作，再对数据分组。我们还使用句点直接引用了列，也可使用方括号。

```
display(df.filter(df['Origin'] == 'SAN')
        .groupBy('DayOfWeek')
        .avg('arrdelaydouble'))
```

如果需要，可使用多个筛选器。假设你只关心从圣地亚哥飞往旧金山的航班，就需要根据 origin 列和 dest 列进行筛选，代码类似于下面这样。注意，筛选器的圆括号必不可少。

```
display(df
        .filter((df.Origin == 'SAN') & (df.Dest == 'SFO'))
        .groupBy('DayOfWeek')
        .avg('arrdelaydouble'))
```

筛选器间的字符&指出，两个条件都必须满足。还有其他的逻辑运算符，例如，|表示只要一个条件满足即可。当然，在筛选器中，除等号外，还可使用其他比较运算符：

```
display(df
.filter(((df.Origin != 'SAN') & (df.DayOfWeek < 3)) | (df.Origin == 'SFO'))
.groupBy('DayOfWeek')
.avg('arrdelaydouble'))
```

在这个不太好理解的筛选器中，我们查找这样的航班：起飞时间为星期天或星期一且起飞机场不是圣地亚哥机场，以及从旧金山起飞的所有航班。筛选器很复杂时，通常更佳的方法是将其分解成多个命令。

```
display(df
        .filter(df.Origin != 'SAN')
        .filter(df.DayOfWeek < 3)
        .groupBy('DayOfWeek')
        .avg('arrdelaydouble'))
```

通过像这样拆分逻辑，通常可让代码更容易理解，还可降低犯错的风险。你可能注意到了，结果的排列顺序有点乱。我们来看看能否按航班日期是星期几进行排序：

```
display(df
        .filter(df.Origin == 'SAN')
        .groupBy('DayOfWeek')
        .avg('arrdelaydouble')
        .sort('DayOfWeek'))
```

这将根据 DayOfWeek 列排序。注意到星期六的航班数量有所减少，预订机票时知道这一点会有所帮助。与使用 Python 执行其他操作一样，还有其他执行排序的方式。在这里，也可使用 orderBy，其结果相同：

```
display(df.filter(df.Origin == 'SAN')
        .groupBy('DayOfWeek')
        .avg('arrdelaydouble')
        .orderBy('DayOfWeek')
```

不管使用哪种方式，结果中的数字都不太方便阅读。我们进行四舍五入，让数字只有一位小数。为了简化这种工作，需要使用一种计算平均值的新方式，还需要导入几个函数：

```
from pyspark.sql.functions import mean, round

display(df.filter(df.Origin == 'SAN')
```

```
        .groupBy('DayOfWeek')
        .agg(round(mean('arrdelaydouble'),1)))
```

agg 让你能够对要使用的聚合执行函数，因为它返回一个 DataFrame。在这里，我们使用 SQL 函数 mean 计算平均值，再将其传递给函数 round。函数 round 的第二个参数指定要保留几位小数（这里是一位）。

虽然现在结果看起来更漂亮些，但聚合列的名称不太好。下面使用命令 alias 来修改该名称，这将让结果阅读起来容易得多，还让你能够通过名称引用聚合列。我们先来修改列名。

```
display(df.filter(df.Origin == 'SAN')
        .groupBy('DayOfWeek')
        .agg(round(mean('arrdelaydouble'),2)
        .alias('AvgArrDelay')))
```

有了别名后，我们尝试对数据进行排序。要查看星期几的航班延误情况最严重，因此需要按降序排列。为此，需要导入 desc 函数。

```
display(df
        .filter(df.Origin == 'SAN')
        .groupBy('DayOfWeek')
        .agg(round(mean('arrdelaydouble'),2).alias('AvgArrDelay'))
        .sort(desc('AvgArrDelay')))
```

看起来如果你想按时到达，选择星期六出行比星期四要好，至少在文件记录的时段内如此。下面来看看航班延误时间的范围，这也是函数 agg 的用武之地。为了执行相关的数序运算，还需导入另外两个 SQL 函数 min 和 max。

```
from pyspark.sql.functions import min, max

display(df
        .filter(df.Origin == 'SAN')
        .groupBy('DayOfWeek')
        .agg(min('arrdelaydouble').alias('MinDelay')
             , max('arrdelaydouble').alias('MaxDelay')
             , (max('arrdelaydouble')-min('arrdelaydouble')).alias
             ('Spread'))
)
```

正如所见，函数 agg 非常棒，在数据探索期间，你可能经常用到它。我们来进一步改善结果。year、month 和 dayofmonth 都挺好，但在有些情况下，有个日期列将有所帮助。有鉴于此，我们来创建一个这样的列。

```
from pyspark.sql.functions import concat, to_date

df = df
        .withColumn('DayDate', to_date(concat('Year','Month', 'DayOfMonth'),
        'yyyyMMdd'))
```

这就创建了一个恰当格式的日期列。concat 合并指定的值，这里根据 year、month 和 dayofmonth 列创建了一个字符串，再将这个字符串作为命令 to_date 的输入。yyyyMMdd 指定了要创建的字符串的格式。

日期格式模式

有很多定义日期的方式，但并非任何情况下都很容易定义。很容易犯错，例如输入了 m 而不是 M，进而获得分钟而不是月份。下表列出了日期格式模式语法。

字母	含义	示例
y	年份	2020
G	纪年	公元后
M	月份	01
d	日期	12
h	小时（1～12）	14
H	小时（0～23）	12
m	分钟	13
s	秒	44
S	毫秒	123
E	星期几	星期一
D	一年的第几天	101
F	一月的星期几（按 1 日为星期一算）	2
w	一年的第几周	33
W	一月的第几周	3
a	am/pm 标志	pm
k	小时（1～24）	22
K	小时（0～11）	10
z	时区	中欧标准时间

例如，可使用格式 yyyy-MM-dd 将日期表示为形如 2020-01-01。处理时间时，可使用 HH:mm:ss:SSS 将其表示为形如 14:02:30:222。对于日期，可做的处理有很多。

尝试使用你学过的命令来查看这个表，这些命令如 dtypes、select 和 limit。这样做时，你将注意到正确地设置了日期的格式。我们来对日期执行几个函数，先获取用英文表示的星期几：

```
display(df
        .select(date_format('DayDate', 'E').alias('WeekDay'),
        'arrdelaydouble', 'origin', 'DayOfWeek')
        .filter(df.Origin == 'SAN')
        .groupBy('WeekDay','DayOfWeek')
        .agg(round(mean('arrdelaydouble'),1).alias('AvgArrDelay'))
        .sort('DayOfWeek'))
```

这才像那么回事。在这个示例中，我们再次使用了函数 date_format 来获取想要的日期格式，这里是星期几的名称。不同于 DayDate，我们没有使用 withColumn 将结果物化到表中，而是在每次运行查询时动态地生成它。

我们来根据结果绘制图表。单击结果左下方的条形图按钮，再单击 Plot Options。确保 Keys 文本框中为 WeekDay，Values 文本框中为 AvgArrDelay。单击 Apply 并查看结果，还不错。下面再执行一个查询，并绘制给定月份的折线图。如果你要知道 DataFrame 中的时间跨度，现在很可能知道如何做了。如果要获取一个时间范围，还需要导入一个函数：

```
from pyspark.sql.functions import date_add

start_date, end_date = df
        .select(min("DayDate"),date_add(min("DayDate"),30))
        .first()

print(start_date)
print(end_date
```

这里使用了 date_add 来生成一个 30 天的时间窗口。我们使用函数 min 找出数据集中最早的日期，然后使用 date_add 给结果加上 30 天，得到一个月后的日期。

注意，为了显示结果，这里使用的是 print 而不是 display，因为后者只能处理 DataFrame，而不能处理其他类型的变量。如果你在这里使用 display，将收到类似于“Cannot call display”（不能调用 display）的错误消息。

下面在查询中使用刚才创建的两个变量。我们要根据前面创建的日期范围来选择行，为此可使用一个内置命令。

```
display(df
        .filter(df.Origin == 'OAK')
        .filter(df
                .DayDate.between(start_date,end_date)
                )
        .groupBy('DayDate')
        .agg(mean('ArrDelay'))
        .orderBy('DayDate'))
```

这里的新内容是命令 between。我们在筛选器中指定了两个日期。可直接指定具体日期，如 1987-10-01，但这里使用的是前面创建的两个变量。

根据返回的数据绘制一个折线图，看看这 30 天内的情况。确保文本框 Keys 中为 DayDate，而文本框 Values 中为 ArrDelay。将鼠标光标指向折线图上的各点，以获悉其对应的实际值。内置的图表引擎表现得不是很出色，但考虑到它使用起来非常容易，因此还是相当不错的。

```
display(df
        .filter(df.Origin.isin(['SFO','SAN','OAK']))
        .filter(df
                .DayDate.between(start_date,end_date)
                )
        .groupBy('Origin','DayDate')
        .agg(mean('ArrDelay'))
        .orderBy('DayDate'))
```

运行这个查询，在 Plot Options 中，在分组框 Series 中输入 Origin，这让你能够对 SFO、SAN 和 OAK 的情况进行比较。注意，这里使用了 isin，它将一个列表作为参数。如果愿意，可将这个列表存储在变量中：

```
airport_list = ['SFO','SAN','OAK']
```

如果你愿意，也可根据 DataFrame 创建列表。下面从这里的 DataFrame 中随机选择 5 个机场。我们使用函数 collect 来获取实际值，而不是创建一个新的 DataFrame：

```
airport_list = [row.Origin for row in df.select('Origin').distinct().
limit(5).collect()]
```

这些代码涉及的操作很多。先使用了前面讨论过的列表推导式，大致而言，列表推导式就是一个紧凑的 for 循环。我们获取 Origin 列的不同值，再使用 limit

选取前 5 个值。

接下来是 collect，它返回每个值对应的行。我们要获得一个整洁的列表，因此获取每行中 Origin 列的实际值，并将其加入列表中。现在可以在前面的示例代码中使用这个变量了：

```
display(df
        .filter(df.Origin.isin(airport_list))
        .filter(df
                .DayDate.between(start_date,end_date)
                )
        .groupBy('Origin','DayDate')
        .agg(mean('ArrDelay'))
        .orderBy('DayDate'))
```

你可手动执行前述循环中的步骤，以搞明白我们为何在循环中这样做。在没有完全掌握的情况下，这个循环会有点令人迷惑。执行下面的命令，看看结果是什么样的。一开始，有一个 DataFrame，我们使用 collect 生成了一个列表，为了获得包含 Origin 列值的列表，需要从 collect 生成的列表提取这些值：

```
print(type(df.select('Origin').distinct()))
print(type(df.select('Origin').distinct().limit(5).collect()))
print(df.select('Origin').distinct().limit(5).collect())
print(df.select('Origin').distinct().limit(1).collect()[0].Origin)
```

如果你觉得前述列表推导式有点令人迷惑，可重写这些代码，转而使用普通循环。这样代码将更容易理解，但行数会多些。对于在生产环境中运行的代码，我通常建议使用普通循环，因为很多人熟悉普通循环，一眼就能明白：

```
airport_list = []
for row in df.select('Origin').distinct().limit(5).collect():
  airport_list.append(row.Origin)
```

我们再添加一列，以便能够对不同州的情况进行比较。现在，原本应确定每个机场所在的州，但还是不这样做，因为这将需要编写大量的代码，却不能带来额外的教育价值。因此，我们只从每个州中选取 3 个最繁忙的机场：加利福尼亚州为 LAX、SFO 和 SAN；纽约州为 JFK、LGA 和 BUF；得克萨斯州为 DFW、IAH 和 DAL。对于其他所有机场，都将其所在的州设置为 OTHER。下面来看看如何完成这项任务：

```
from pyspark.sql.functions import when
df = df.withColumn('State',
                   when(col('Origin') == 'SAN', 'California')
                   .when(df.Origin == 'LAX', 'California')
```

```
.when(df.Origin == 'SAN', 'California')
.when((df.Origin == 'JFK') | (df.Origin == 'LGA') |
 (df.Origin == 'BUF'), 'New York')
.otherwise('Other')
)
```

正如所见，使用的逻辑与以前相同（虽然是两个不同的版本），主要差别在于，这里使用了 when 和 otherwise 来控制要在新列（State）中添加的内容。可根据需要串接多个 when 语句，还可在一个 when 语句中做多项检查。对于所有不匹配的行，函数 otherwise 都返回指定的默认值。我们来看看结果是什么样的。

```
display(dfgroupBy('State').count())
```

你可能注意到了，没有从得克萨斯州选取 3 个机场，这都是我的错。下面尝试使用同样的结构来修复这个差错。当然，这里不想再创建一列，因此必须更新 DataFrame，并保留原有的值。

```
from pyspark.sql.functions import col

df = dfwithColumn('State',when(col('Origin') == 'DFW', 'Texas')
.when(col('Origin') == 'IAH', 'Texas').when(col('Origin') ==
'DAL','Texas').otherwise(col('State')))
display(df2.groupBy('State').count())
```

注意，这里使用了 col（而不是直接引用）。col 是一个函数，返回指定列的内容。因此，在这里，这个函数的作用与前面的直接引用相同，只是代码更短些。

如果要新增一列，并在所有的行中都将该列设置为相同的值，在这种情况下，不能直接指定具体的列值。如果试图这样做，即编写类似于 df.withColumn('NewCol', 'Myval')这样的代码，将以失败告终。虽然可使用 when/otherwise 结构来完成这种任务，但还有一种更佳的方式：

```
from pyspark.sql.functions import lit

df = df.withColumn('Flag', lit('Original'))
```

函数 lit 返回一列，在所有行中，该列的值都相同。在后面将看到，在有些情况下，这很有用。就现在而言，你只需记住，执行类似这样的操作时，输入必须是列，而不能是简单变量。

7.8 使用多个 DataFrame

前面反复更新了同一个 DataFrame，也可根据既有 DataFrame 创建新的 DataFrame。下面来创建一个 DataFrame，它包含原始 DataFrame 的部分数据（与一个州相关的数据）。

```
df_dfw = df
        .select('DayDate','Origin','Dest')
        .filter(col('State') == 'California')

display(df_dfw.groupBy('Origin','Dest').count())
```

这个 DataFrame 很小，可用来获悉有多少航班从加利福尼亚州的机场起飞，飞往国内的其他机场。通过查看这些数据随时间变化的情况，或许可以知道大家对各个区域的兴趣是如何随时间变化的。

如果能创建桶（或统计堆），将机场划分为小型、中型和大型就好了。我们将划分标准设置为每月 400 和 1000 个航班。在实际工作中，明智的选择可能是先查看数据再确定划分标准，但还是别搞得那么复杂吧。

解决这个问题的方式有很多，其中之一是创建一个用户定义的函数（user-defined function，UDF）。所谓 UDF，就是你自己编写的函数，它让你能够实现任何想要的逻辑。我们来看一个例子：

```
def bins(flights):
  if flights < 400:
    return 'Small'
  elif flights >= 1000:
    return 'Large'
  else:
    return 'Medium'

from pyspark.sql.functions import count, mean

df_temp = df
  .groupBy('Origin','Dest')
  .agg(
    count('Origin').alias('count'),
    mean('arrdelaydouble').alias('AvgDelay'))

from pyspark.sql.types import StringType

bins_udf = udf(bins, StringType())
```

```
df_temp = df_temp.withColumn("Size", bins_udf("count"))
```

解释这些代码前，必须告诉你的是，这并非解决这个问题的最佳方式。解决这个问题的方式有多种，使用 UDF 可能是最糟糕的。顺便说一句，这种观点通常是正确的：如果有解决问题的其他方式，就不要创建自定义函数，因为它们是性能杀手。然而，UDF 确实有其用武之地，只是这样的用武之地没有大家预想的那么多。对于这里的代码，后面将介绍更佳的替代解决方案。

说了这么多，下面来解释一下这些代码。先创建了函数 bins，它接受一个参数——flights，并根据航班数量返回一个表示机场规模的字符串。

接下来创建了要使用的 DataFrame，其中包含起飞机场、目的机场、航班数量以及平均延误时间。注意，我们将包含航班数量的列命名为 count。然后，我们将前面的函数定义为 udf，并告知 Databricks，这个函数的返回值类型为 StringType。完成这些准备工作后，就可在临时 DataFrame 中创建一个新列了。

正如所见，可以像使用其他函数一样使用 UDF，但必须通过中介 bins_udf 来使用它。我们传递了变量 count，bins 将对其进行处理，并返回一个字符串，而将这个字符串添加到了新列 Size 中。

现在，可使用这个新列来了解不同规模的机场在航班延误时间方面的差别。这个示例虽然有点粗糙，但使用统计堆通常是一种处理数据的有趣方式，让你能够了解统计堆之间有何不同。

```
display(df_temp.groupBy('Size').agg(mean('AvgDelay')))
```

顺便说一句，你可能认为函数 bins 过于臃肿。要精简它很容易，但减少代码行通常是以降低可读性为代价的。下面的代码与前面的 bins 函数等效，但在我看来，理解起来要难得多。这里列出这些代码，主要是为了让你知道 Python 中有 iif 结构。

```
def bins(flights):
  ret = 'Small' if flights < 400 else ('Large' if flights >= 1000
  else
  'Medium')
  return ret
```

你可能遇到的另一种情形是，需要从零开始创建 DataFrame。在这种情况下，可能需要手动输入数据。这种情况虽然糟糕，但也是可能发生的，尤其是创建很小的查找表时。

```
dfg = spark.createDataFrame([
  ['AA','American Airlines'],
  ['DL', 'Delta Airlines'],
  ['UA', 'United Airlines']
], ['Shortname','Fullname'])

display(dfg)
```

使用 createDataFrame 可以快速创建小型 DataFrame，大致而言，需要使用列表的列表指定数据。这不是很方便，但有时很有用。因此，至少应记住有这样一种创建 DataFrame 的方式。

你可能还想让 DataFrame 可供 SQL 使用，实现这种目标的方式有很多。在最高层面，需要决定它们在集群重启后是否还可用。在很多情况下，你可能只想要一个临时视图：

```
df.createOrReplaceTempView('AirportData')
df_test = spark.sql('select * from AirportData')

%sql
select count(*) from AirportData;
```

这里首先创建了一个临时视图。OrReplace 部分使得无须显式删除所创建的视图，就能反复运行这个命令。如果已经有同名视图，将覆盖它。如果不想覆盖，可使用 createTempView，它在指定视图已存在时将运行失败。

当然，也能够将临时视图删除。临时视图在集群重启时将消失，但如果想让它更早消失，可使用命令 dropTempView，它只接受一个参数，那就是要删除的视图的名称。

对于前面的示例，接下来以两种不同的方式对视图执行 SQL 查询。正如所见，这是一种在 Python 和 SQL 之间切换的不错方式。虽然大多数人倾向于始终使用其熟悉的语言，但在不同的语言之间切换常常大有帮助，因为对于有些任务，使用特定的语言来完成效果更佳。

注意，视图不过是指向实际查询的虚拟指针。如果经过大量处理创建了一个复杂的 DataFrame，那么每当引用视图时，都将重做这些处理，就像直接对 DataFrame 执行了行动操作一样。

要让视图在会话结束后依然存在，需要使用 createOrReplaceGlobalTempView 或 createGlobalTempView。注意，这样创建的视图也是临时的，将在集群关闭时被销毁。

要在 Databricks 中持久化数据，需要创建表。所幸这很容易，需要使用的命令与前面的命令很类似，其中的核心命令是 write，它也提供了大量的选项。我们先来看看如何创建表：

```
spark.sql('create database airlines')
df.write.saveAsTable('airlines.subset')

%sql
select count(*) from airlines.subset;
```

这里先创建了一个数据库。除非将表存储到特定数据库中，否则它默认位于数据库 default 中。虽然存储到数据库 default 中可行，但很容易导致该数据库充斥着垃圾。接下来，我们使用了 saveAsTable，并以句点表示法指定了数据库名称和表名。存储表后，就可从中选择数据，就像从其他表中选择数据那样。当然，这种表也是持久性的。

一个重要的差别是，数据集被存储后，它与 DataFrame 之间的关联就断开了。数据集存储在表中，再次访问时，从表（而不是原始数据源）中获取。

假设读取了数据集 airlines 中的所有 CSV 文件，并要通过使用筛选器只查看其中的很少一部分数据，如 100 行。如果使用原始 DataFrame 或视图，将从零开始处理。但如果使用表，将只查看原始结果集中的 100 行。然而，如果在数据集中添加了新数据，将无法获得它们。如果要查看使用 DataFrame 和使用表之间的差别，执行下面的命令：

```
df_bigger = spark
        .read
        .option('header','True')
        .option('delimiter',',')
        .schema(schema)
        .csv('/databricks-datasets/airlines/part-000*')

        df_sck = df_bigger.filter(col('Origin') == 'SCK')
        df_sck.createOrReplaceTempView('SCK_V')
        df_sck.write.saveAsTable('airlines.sck_t')

%sql select count(*) from SCK_V;

select count(*) from airlines.SCK_T;
```

注意到了吗？执行时间存在差异。对于最后两个命令，可分开执行多次，以得到较为准确的平均执行时间。即便是对于这样小型的数据集，使用持久性表时，执行速度也比使用视图时快了将近20倍，这合乎情理。即便对Spark来说，选择数千行也比处理数百万行容易。顺便说一句，这是一个常见的陷阱，后面讨论将代码放入生产环境时，将再次谈到这个主题。

你可能还想将数据存储到外部系统，因为并非所有数据都需要存储在Databricks中。将数据写入文件系统的方式有很多，下面来看看如何以多种常见格式存储数据。这样做时，有一些需要注意的地方。先来看看如何以CSV格式存储数据：

```
%fs mkdirs /tmp/airlines

df.write.csv('/tmp/airlines/alcsv', sep='|', header='True')

%fs ls /tmp/airlines/alcsv/
```

开始一切如常。创建文件夹airlines，并使用函数write将一个CSV文件发送到这个文件夹。我们指定了分隔符，并指出需要添加文件头。然后，问题出现了。

数据并没有如预期的那样写入单个文件，而是在一个文件夹中生成了很多文件。这种行为有点奇怪，与Spark存储数据的方式有关。你可能还记得，信息是分区存储的。下面更深入地研究一下这个数据集：

```
df.rdd.getNumPartitions()
```

你可能还记得，DataFrame不过是门面，在底层其作用的是出色而古老的RDD。我们可引用RDD，并向它询问数据分散在多少个分区。你将发现，分区数与前面写入文件夹中的文件数相同。

将数据存储在多个文件中可能是不错的主意，但这取决于你的需求。好消息是可根据需求控制文件数，方法是对DataFrame进行重新分区：

```
dbutils.fs.rm("/tmp/airlines/alcsv", recurse=True)

df
        .repartition(1)
        .write.csv('/tmp/airlines/alcsv', sep='|', header='True')

%fs ls /tmp/airlines/alcsv/
```

前面说过，可使用dbutils包来调用%fs命令。这里通过这样做来命令它删除文件夹。标志recurse告知Databricks，我们要递归地删除文件夹和文件。

然后，我们运行与之前相同的命令，但不同的是还运行了命令repartition，从而在写入数据前将分区数从 4 个减少到 1 个。注意，这只影响写入操作，df DataFrame 的分区数量保持不变。

如果查看文件夹，将发现其中仍然有很多控制文件，但只有一个 CSV 文件，而数据就存储在这个文件中。这个 CSV 文件的名称是随机生成的，如果你愿意，可对其重命名。

```
from glob import glob
filename = glob('/dbfs/tmp/airlines/alcsv/*.csv')[0].replace
('/dbfs','')

dbutils.fs.mv(filename, '/tmp/airlines/alcsv/mydata.csv')
```

与以前一样，我们使用 glob 来选取所需的文件。[0]表示要获取列表的第一个元素（实际上，应该只有一个 CSV 文件），而 replace 将/dbfs 部分删除。你可能还记得，在驱动器节点上，执行命令的方式与在 Databricks 中执行内部命令的方式不同。执行移动任务的是最后的 dbutils 命令。

别忘了，重新分区是一种开销很大的操作。我们还将所有负载都交给了单个工作节点，在数据规模很大时，这通常不是好主意，因为处理速度会很慢。在很多情况下，最好要么保留分区不变，要么使用另一款工具来附加文件。Spark 是并行运行的，而不是在单个线程中运行的。

介绍如何写入 CSV 文件后，我们来尝试其他几种导出格式。这里来看两种较为常用的二进制格式——Parquet 和 ORC，前面说过，这两种格式是经常会遇到的：

```
df.write.parquet('/tmp/airlines/alparquet/')
df.write.orc('/tmp/airlines/alorc/')
%fs ls /tmp/airlines/alparquet/
%fs ls /tmp/airlines/alorc/
```

正如所见，与写入 CSV 文件没有很大的区别，有现成的函数用于处理数据导出。然而，导出为 Avro 格式时，做法会有所不同，我们来看看：

```
df.write.format("avro").save('/tmp/airlines/alavro/')
%fs ls /tmp/airlines/alavro/
```

在这里，需要使用 format 命令来指出输出格式为 Avro。虽然使用的命令不同，但结果与导出为前面两种二进制格式时很类似。还有一种文件类型需要介绍，那就是 JSON，导出为这种格式的方式与导出为 CSV 的方式很类似：

```
df.coalesce(1).write.json('/tmp/airlines/aljson')
```

```
%fs ls /tmp/airlines/aljson/
```

这里使用了 coalesce，其作用与 repartition 相同，但工作原理不同，这将在后面介绍。就当前而言，重要的是有了文件后，可执行反向操作——读取文件。

对于前面保存的所有文件都可使用简单命令来读取。如何读取 CSV 文件已经介绍过了。对于二进制文件，读取时不用指定额外的参数，但 Avro 有所不同：

```
df = spark.read.parquet("/tmp/airlines/alparquet/")
df = spark.read.orc("/tmp/airlines/alorc/")
df = spark.read.json("/tmp/airlines/aljson/")
df = spark.read.format("com.databricks.spark.avro").load("/tmp/
airlines/alavro/")
```

注意，这里指定的是文件夹，而不是具体的文件。Databricks 知道我们要做什么，进而从文件夹中选择数据文件。如果进行了手动分区，可能会像本章开头那样挑选部分文件，无论读取哪种数据，都很方便。

7.9 整理数据

前面使用的都是整理好的数据集，但很多情况下，数据尚未整理好，需要你自己去合并或连接。这方面的工作是 SQL 所擅长的，但也可使用 Python 来完成。

在数据整理方面，可执行的基本操作有三种：(1) 可在原始数据集中添加行；(2) 可添加列（或属性）；(3) 可合并两个有一些相同列的数据集。

我们从原始数据集中选取两个文件，看看如何将它们添加到一个 DataFrame 中。这里必须牢记的重点是，这两个文件的结构相同，这是使用命令 union 时需满足的前提条件：

```
df1 = spark
.read
.option('header','True')
.option('delimiter',',')
.option('inferSchema','True')
.csv('/databricks-datasets/airlines/part-00000')

df2 = spark
.read
.option('header','True')
.option('delimiter',',')
.option('inferSchema','True')
```

```
.csv('/databricks-datasets/airlines/part-00001')

df_merged = df1.union(df2)
```

这里将两个文件分别读入 df1 和 df2，再通过 df1 执行命令 union 并将 df2 作为参数，以合并它们。这将获取 df2 中的所有行，将它们添加到 df1 中，并保留重复行（如果有的话）。

SQL 拥趸应该知道，还有命令 unionAll。在 SQL 中，union 和 union all 是不同的，但在 Pyspark 中，union 和 unionAll 没有差别，它们都不去重（命令 unionAll 已被摒弃），结果与 SQL 中的 union all 相同。

现在假设想删除 df_merged DataFrame 中来自 df2 的行，这种操作不太常见，但偶尔需要这样做。为此，可使用命令 exceptAll：

```
df_minus = df_merged.exceptAll(df2)
```

一种更常见的操作是，在既有 DataFrame 中添加列。你经常会生成或获取额外的数据，以丰富既有信息。本章前面这样做了很多次，这里再来一次：

```
df1 = df.withColumn('MilesPerMinute', col("Distance") /
col("ActualElapsedTime"))
```

在能够根据既有数据生成新数据时，这是一种高效的方式。然而，常常需要添加外部信息，此时面临的任务更艰巨，因为需要告诉 Spark 如何将不同的 DataFrame 关联起来。为此，可使用连接。

下面来创建几个很小的数据集，让你能够查看如何进行连接。连接虽然不难，但如果你不熟悉关系型数据库，可能让你稍感迷惑。连接大型数据集时，可能需要一段时间才能完成，尤其是在使用的集群很小时。

```
df_airlines = spark.createDataFrame([
  ['AA','American Airlines'],
  ['DL', 'Delta Airlines'],
  ['UA', 'United Airlines'],
  ['WN', 'Southwest Airlines']
], ['Shortname','Fullname'])

df_hq = spark.createDataFrame([
  ['AA','Fort Worth', 'Texas'],
  ['DL', 'Chicago', 'Illinois'],
  ['UA', 'Atlanta', 'Georgia'],
  ['FR', 'Swords', 'Ireland'],
], ['Shortname','City', 'State'])
```

```
df_cities = spark.createDataFrame([
  ['San Fransisco'],
  ['Miami'],
  ['Minneapolis']
], ['City'])
```

现在有3个DataFrame，它们都只有几行数据：一个包含航空公司名称、一个包含有关航空公司总部的信息，还有一个包含一些随机选择的城市。我们来合并前两个DataFrame，以便在DataFrame中包含更完整的航空公司信息：

```
df_result = df_airlines.join(df_hq, df_airlines.Shortname == df_
hq.Shortname)
```

我们使用命令join将航空公司数据与总部数据关联起来，其中第二个参数告知Pyspark，我们要求哪些列匹配。这意味着对于一个表中的行，Spark将在另一个表中查找与其匹配的行，进而认为它们应该合并在一起。

这条语句存在的问题是，在生成的DataFrame中，Shortname列将出现两次。这不太好，因为我们和Spark都无法区分这两列。所幸对于这个问题有很多解决方案，我们来介绍其中的两个：

```
df_result = df_airlines
.join(df_hq.withColumnRenamed('Shortname', 'SN'), col("Shortname")
==col("SN"))

df_result = df_airlines.join(df_hq, ['Shortname'])
```

这两种解决方案都将替我们合并数据，其区别在于，第一种解决方案将保留这两列，但重命名了其中一列。函数withColumnRenamed可以修改列名，这样就能同时保留两列。

第二种解决方案使用了一种特殊特性，它自动映射同名列。之所以添加这项特性，是因为经常会遇到前述问题。你可能注意到了，我们将列名放在了列表中。如果要映射多列，可将它们都添加到这个列表中。

顺便说一句，你注意到了吗？在结果集中，没有Southwest Airlines，也没有爱尔兰的公司Ryanair，这是因为执行的是内连接，这意味着将只显示匹配的行。由于df_hq DataFrame中没有Southwest Airlines的相关数据，同时在df_airlines DataFrame中没有任何有关Ryanair的信息，因此结果中没有它们。如果要处理这种问题，可采取如下方式：

```
df_result = df_airlines.join(df_hq, ['Shortname'], 'left')
```

我们添加第三个参数并指定为 left（该参数的默认值为 inner），这将显示 df_airlines DataFrame 中的所有行，以及 df_hq DataFrame 中匹配的行，因此 Southwestern Airlines 将出现在结果中。注意，对于没有总部数据的行，总部数据将设置为 NULL。这是在数据集中引入 NULL 值的一种极常见方式。下面来尝试右连接：

```
df_result = df_airlines.join(df_hq, ['Shortname'], 'right')
```

现在，结果中包含 Ryanair 的总部信息，但并非所有行都来自 df_airlines DataFrame。如果要在结果集中包含两个数据集的所有行，可使用另一个关键字，下面来尝试外连接：

```
df_result = df_airlines.join(df_hq, ['Shortname'], 'outer')
```

这样，结果集中将包含所有数据。在不同的情况下，需要使用对应的连接方式。但是要注意那些讨厌的 NULL，如果不小心，它们可能带来很多麻烦。很容易因忽视 NULL 而得到糟糕的数据。

现在有必要说说另一种连接，它是把双刃剑，使用时务必万分小心。这种连接就是笛卡儿积，也称为交叉连接，它生成一个 DataFrame 中的所有行与另一个 DataFrame 中所有行的组合。

通常你不会想使用这种连接，在 SQL 中使用它时，常常是由于疏忽所致。要在 Python 中使用它，需要调用一个截然不同的函数。下面尝试使用它来巧妙地完成任务：

```
df_result = df_cities.crossJoin(df_cities.withColumnRenamed
('City', 'Dest'))
```

这是找出多个城市之间所有可能航线的一种简单方式。很不错，但需要注意的是，如果交叉连接都包含 3 行的两个 DataFrame，将生成 9 行，如果这两个 DataFrame 都包含 4 行，将生成 16 行，如果它们都包含 5 行，将生成 25 行，以此类推。现在想象一下，如果对两个包含数百万行的 DataFrame 执行交叉连接，结果将如何？如果想压垮集群中薄弱的节点，同时获得毫无用处的结果，这是一种绝佳的方式。

顺便说一句，你不会乘坐出发地和目的地为同一座城市的航班，很容易将这种航班剔除，我想你现在知道如何做了，但这里还是演示一下，以简单地复习一下本章开头学习的内容。出于好玩，这里使用了另一种语法：

```
display(df_result.where(col('City') != col('Dest')))
```

是的，可使用 where 来代替 filter。这些代码生成所有可能的城市组合，但相同城市的组合除外。这表明使用 Python 可轻松地完成复杂的任务。接下来，将介绍更多处理数据的方式。

7.10 小结

本章的篇幅很长，但至此已结束，你很可能对 Python 以及如何使用它来处理 DataFrame 有了更深入的认识，而 Python 是 Apache Spark 生态系统的核心部分。

本章先简要地介绍了 Python 和 DataFrame。然后深入探讨了一个数据集，从中提取了一些航线数据，并使用大量的函数来处理它们。我们使用筛选器和聚合来鼓捣数据。

接下来，我们讨论了组合的强大威力。在 Python 中，可通过串接来构造长长的函数链条，从而循序渐进地实现所需的逻辑。

最后，介绍了如何使用连接和合并来组合不同的 DataFrame。后面深入探讨数据处理时，将看到更多这里的例子。

第 8 章将再次谈到 ETL（提取、转换、加载），同时更深入地探讨 Python。

第 8 章 ETL 和高级数据整理

本章将深入探讨一些可简化工作的 Python 技巧，同时更深入地探讨前面谈论过的众多主题，这很重要。

首先，将谈谈 ETL，并介绍 Spark UI 及其对于监控查询运行期间的情况可提供什么样的帮助。

然后，将深入探讨 PySpark 提供的众多其他函数和特性。

最后，将介绍如何处理存储在文件系统中的数据，这包括受管和非受管表、保存模式以及分区等主题。掌握这些知识后，就能够处理大多数数据工程任务。

8.1 再谈 ETL

虽然最吸引注意力的是数据科学和数据分析，但实际上大部分时间花在数据清洗上。在很多项目中，花在搞明白并重构数据上的时间占比高达 90%。你可能听到过有人称之为数据工程或数据整理，但传统上这称为 ETL。

前面谈论过提取-变换-加载（extract-transform-load，ETL），这里再简述一下。注意，你可能时常听人说 ELT，它包含的字母与 ETL 相同，但顺序不同，旨在表示稍微不同的流程和架构。

提取指的是从源系统获取数据的过程。你可能使用诸如 JDBC 等工具按预定计划获取文件或根据需要拉取数据，这样得到的结果通常存储在暂存区域。

变换指的是根据需要清理和重组数据，例如，你可能将表从第三范式转换为更适合传统数据仓库技术的星型模式（star schema）。

最后，需要以确保一切都同步的方式将新数据加载到目标系统。在这个过程中，有很多特殊情况需要考虑。为了妥善地完成这项任务，需要使用工具箱中的多种工具。

在很多情况下，都需要使用特殊的 ETL 工具来处理这些操作。你可能遇到过 Informatica、IBM 和 Oracle 等公司提供的工具，但也有大量开源的替代产品。

对于在这些图形用户界面工具中能够完成的任务，大都也可在命令行中完成。正如在前几章看到的，读取数据、操作数据以及将数据写入 Databricks 等工作都是小菜一碟。

实际上，可使用代码完成的很多任务，却无法在图形用户界面工具中完成。下面更深入地探讨数据清理，并顺便介绍一些技巧。

8.2 Spark UI 简介

我们还未谈及 Spark UI，它通过大量的图形方式展示系统中发生的情况。在请求 Apache Spark 运行作业时，可使用 Spark UI 来更深入地了解系统中发生的情况。

要进入 Spark UI，可通过集群详情页面，但在实际工作中，通常都在笔记本中打开它。每当在集群中运行命令时，都将显示 Spark Jobs 行，可将其展开。

展开后，将显示一个作业列表，还有视图链接。单击该链接将在 Jobs 页面中打开 Spark UI，这个视图显示了作业的状态和阶段，还包含几个可视化选项。

时间轴显示了负载随时间的变化情况以及在不同时间实际完成的工作，这在很多情况下都很有用，例如在你认为数据是倾斜的或负载不均衡时。我们都希望尽可能均衡地分配负载，一种最糟糕的情形是，其他所有执行器都在 5 分钟内完成了工作，但还有一个执行器很长时间后才完成其工作。

前面谈到过有向无环图（DAG），通过它可获悉 Apache Spark 依次做了哪些工作，这对优化工作很有用。另外，还可获悉完成工作的顺序是否正确。

如果回到笔记本，并沿 Spark Jobs 层次结构深挖一层，将看到阶段。在阶段的右边，有一个小型的信息图标。单击该图标将显示相应阶段的阶段视图。对于作业、指标和任务列表，也可显示同样的视图。

在这些页面中，通过单击顶部的选项卡标签，可查看更多细节。Storage 选项卡提供了有关 I/O 层面出现情况的信息，其中包括有关高速缓存效果的信息。

Environment 选项卡包含集群中所有的当前设置。Executors 选项卡包含有关系统中的信息。而 SQL 选项卡包含有关查询的信息（如果你在单元格中运行的是 SQL）。

要熟悉 Spark UI，一种不错的方式是在笔记本中打开它，再运行查询并单击页面右上角的 reload（重新加载）按钮，这将更新信息。我们来尝试运行一个简单查询：

```
df = spark.read.csv('/databricks-datasets/airlines/part*')
df.count()
```

如果在作业运行期间打开第一个作业视图，将发现有一个活动阶段列出了文件和目录，这个阶段检查指定文件夹中的所有文件。如果查看这个阶段的详情，将发现有大量的任务，其中有些任务在查看时可能已经完成。

下一个阶段匹配路径以及检查文件是否存在（确保文件夹中包含指定的文件）。接下来，该实际执行转换 df = spark...了。如果查看持续时间（duration），将发现这一步几乎没有花费时间（毕竟这是转换操作，而不是行动操作）。

最后，该运行 count 了，这要求读取所有的文件。如果查看这个阶段的时间轴，将发现有很多横跨所有节点的方框，这些方框的尺寸几乎是一样的。此时处理器核心才真正开始运转。单击选项卡标签 Executors，将看到负载在各节点的分配情况。这些阶段结束后，将看到最终的结果。

这个简单的示例演示了如何跟踪系统中发生的情况，进而确认系统的行为与你预期的一致。经常查看这些视图大有裨益。要想表现出色，培养敏锐的直觉很重要。如果能够及早发现问题（而不是在错误的数据处理持续了很长时间才发现），将可节省大量时间。

8.3 数据清理和变换

由于媒体对数据科学的大肆宣传，你可能以为，这个领域的大部分工作是开发出色的算法，并像甘道夫或哈利波特那样念念有词地应用这些算法。

情况没那么夸张。在数据分析领域，大部分工作与搞明白数据并为使用数据做好准备相关。无论数据最终将由人还是算法来使用，都需要将其放在整洁的表中。

在这个过程中，必须处理的问题数不胜数，其中包括处理劣质数据、NULL值和错误的元数据。然后，通常还需要以某种方式修改格式、结构和内容。

我们来创建一个有错误的DataFrame，以便演示如何消除这些错误。为此，我们使用函数 createDataFrame。第一个列表包含数据，而第二个列表定义了模式（这里只是一系列的列名）。像这里这样只指定了列名时，将通过推断来确定实际的模式。

```
df = spark.createDataFrame(
  [
   ('Store 1',1,448),
   ('Store 1',2,None),
   ('Store 1',3,499),
   ('Store 1',44,432),
   (None,None,None),
   ('Store 2',1,355),
   ('Store 2',1,355),
   ('Store 2',None,345),
   ('Store 2',3,387),
   ('Store 2',4,312)
],
  ['Store','WeekInMonth','Revenue']
)
```

注意，这里有一些错误。首先，有一些None值（Python使用它来表示NULL）；其次，在Store 1的第4行中，有个值不正确（没有哪个月份有44周）；最后，有两行数据是相同的。

8.3.1 查找NULL

我们先来看看如何找出各种问题。先来查找 NULL 值。有一个不错的小函数——isNull，可用于完成这种任务。通过使用这个函数进行筛选，可获取所有包含NULL值的行，我们来试一试：

```
display(df.filter(df.Revenue.isNull()))
```

很好。在这个示例中，原本可以使用这种方式在全部三列中查找NULL值，但如果有100列，这样做将很无趣。在这种情况下，更佳的选择可能是先确定每列有多少个NULL值。完成这种任务的方式有很多，这里选择使用SQL函数：

```
from pyspark.sql.functions import count, when, isnull
display(df.select(
  [count(when(isnull(c), c)).alias(c) for c in df.columns]
))
```

先导入需要使用的函数：isnull 用于识别要查找的 None 值，when 用于执行条件检查，而 count 用于计数。然后遍历所有列，并计算各列包含的 NULL 值个数。为了在聚合时保留列名，使用命令 alias：

```
from pyspark.sql.functions import col

cols = [c for c in df.columns if df.filter(col(c).isNull()).
count() > 0 ]
```

这是另一种解决方案，它返回至少包含一个 NULL 值的所有列。变量 cols 包含一个列表，让你能够实现必要的逻辑或直接执行 df.select(cols)。

如果有大量的 NULL 值，你可能想查看包含 NULL 值的行。为此，可创建一个查询，并在其中添加针对 cols 列表中每列的筛选器，但也可使用 Python 来完成这项任务，方法是使用 reduce：

```
from functools import reduce

display(df.filter(reduce(lambda a1, a2: a1 | a2, (col(c).
isNull() for c in cols))))
```

这里导入了另一个函数——reduce，它对列表中的每个值执行指定的函数。例如，可指定一个执行加法运算的函数，并将 reduce 应用于列表[1, 2, 3, 4]，结果将为 10。

这里调用 reduce 的结果为((WeekInMonth IS NULL) OR (Revenue IS NULL))。这个结果被传递给 filter，因此整条语句将返回与传递给 filter 的参数匹配的行。当然，也可在上述代码中直接指定全部列。

```
display(df
        .filter(
                reduce(lambda a1, a2: a1 | a2, (col(c).isNull()
                for c in
                df.columns))
        )
)
```

另外，注意到这里还使用了 lambda 表达式。大致而言，lambda 就是没有预定义的函数。本章后面将回过头来介绍这个主题，因此如果这里的 lambda 表达式让你感到有点迷惑，也不用担心，稍后就会明白。

现在知道了哪些行包含 NULL，但问题是找到这些 NULL 值后如何处理它们。理想情况下，能够回到数据源并获取实际数据，但通常没有数据源，因此必须对其进行巧妙的处理。

8.3.2 删除 NULL

处理 NULL 值的方式有很多，但任何一种方式都不是很好，因为要么将数据丢弃，要么以某种方式猜测值。大致而言，必须根据对数据的认知对症下药。我们来看一些可供使用的方式。

最简单的做法是，将包含 NULL 值的行删除。虽然删除数据令人感觉不好，但在很多情况下，这是一种快速而有效的解决方案。例如，如果有 1 亿行数据，删除其中的几百行可能问题不大，在大多数情况下，对最终的分析结果影响不大。

要这样删除行，可使用命令 dropna。我们来看看直接运行这个命令的结果——这将删除所有至少有一列为 NULL 的行。

```
df2 = df.dropna()
display(df2)
```

注意，与众多其他的命令一样，这个命令也不会就地操作，而是返回一个 DataFrame。必须将结果赋给原来的 DataFrame，如果要同时保留两个版本，则需要将结果赋给一个新的 DataFrame。如果只运行命令 dropna，而没有执行赋值操作，将没有任何作用。

正如所见，df2 少了几行，这个命令的运行结果与预期的一致。对于可能带来麻烦的行，这种删除它们的方式非常简单。如果数据集很大，而这样的行不多，这或许是一种有效的方式。

如果只想清除全空的行，也可使用命令 dropna。在导出工具每隔一定数量的行就添加一个换行符时，可能需要这样做。要清除全空的行，可将第一个参数设置为 all，这个参数默认为 any。

```
df2 = df.dropna('all')
display(df2)
```

如果不想删除特定列为 NULL 的行，可对 dropna 进行限制，使其只关注某些列是否为 NULL。下面的代码只删除两个指定列之一为 NULL 的行，而保留 Revenue 列为 NULL 的行：

```
df2 = df.dropna(how='any', subset=['Store','WeekInMonth'])
display(df2)
```

还有一个参数在有些情况下很有用。如果有很多列，可指定至少有多少列的值有效时，就保留相应的行。在这种情况下，可使用参数 thresh。指定了这个参数后，不管将第一个参数设置为 any 还是 all，系统都会忽略它：

```
display(df.dropna(thresh = 2))
display(df.dropna(thresh = 3))
display(df.dropna(thresh = 4))
```

第一个命令不会删除任何行，因为在余下的行中，每行都至少有两列包含有效值。当我们将要求提高到至少有 3 列不为 NULL 时，将删除所有的 NULL 值。最后一个命令很有趣，它实际上将删除所有行，因为我们的表只有 3 列，注意这一点。

8.3.3 使用值来填充 NULL 列

下面来看看不想删除任何有效数据时怎么办。全空的行是我们不需要的，但其他行可能有点用处。在很多情况下，你可能想自定义处理逻辑，但并非必须这样做。有一些标准的处理方式，其中一种简单方式是使用 fillna 将 NULL 替换为固定值：

```
display(df.fillna(0))
display(df.fillna(0, ['Revenue']))
display(df.fillna({'WeekInMonth' : 2, 'Revenue' : 3}))
```

第一条语句将所有数值列中的 NULL 值都替换为 0；第二条语句只替换 Revenue 列中的 NULL，而保留其他列中的 NULL；第三条语句将不同列中的 NULL 替换为不同的值。

对于 fillna，需要指出的一点是，它仅在列类型匹配时才执行替换操作。因此，如果给字符串列指定数值型替换值，将不会替换，反之亦然。下面来尝试使用 fillna，并给它指定一个字符串（而不是数值）参数：

```
display(df.fillna('X'))
```

你将发现，有些 NULL 值没有被替换，原因是它们包含在数值列中。务必注意这一点，因为不会有任何反馈指出将得到这样的结果。这还意味着必须为每种列类型运行一次这个命令。

你可能采取的一种常见措施是，将 NULL 值替换为特定分组的平均值或中位数。在很多取值分布范围较小的情况下，这种做法合乎情理。对于大型商店来说，两个相邻星期一的销售额很可能差别不大。

```
display(df.groupBy('Store').avg('Revenue'))
```

这些代码生成的值可用来替换 Revenue 列中的 NULL 值。

虽然可使用前面介绍过的命令来完成替换任务，但还有一种替换方案——Imputer（空值填写器），它几乎就是为填充缺失值而设计的。我们来看看它是如何工作的：

```
from pyspark.ml.feature import Imputer

df2 = df.withColumn('RevenueD', df.Revenue.cast('double'))
imputer = Imputer(
    inputCols=['RevenueD'],
    outputCols=['RevenueD'],
    strategy='median'
)

display(imputer
        .fit(df2.filter(df2.Store == 'Store 1'))
        .transform(df2))
```

我们从机器学习模块中导入了需要的特性。由于 Imputer 要求列类型为 double 或 float，因此创建一个新的 DataFrame，并在其中添加 RevenueD 列。正如所见，将该列的数据类型设置成了 double。

接下来，我们根据需要设置参数。inputCols 指定要查看哪列，而 outputCols 指定要将结果存储到哪列。注意，这两个参数的设置可以不同，例如，可将 outputCols 设置为 RevenueDI，这将创建一个新列。

最后，将前面定义的规则应用于 df2，并对其进行转换。拟合是使用一个筛选器实现的，因为我们不想根据整个数据集计算平均值。

另外，注意到这里将 strategy 设置成了 median，其默认设置为 mean，如果愿意，也可显式地指定 mean。具体该选择哪种方法取决于实际的应用场景和数据。

需要指出的是，可查看拟合结果，例如，可在前面的代码片段中按如下方式做，以便根据输入计算得到的值。Imputer 类提供了 surrogateDF，这是一个很有用的 DataFrame。

```
i = imputer.fit(df2.filter(df2.Store == 'Store 1'))
display(i.surrogateDF)
```

你可能意识到了，实际将结果应用于目标 DataFrame 的是变换部分。当然，也可使用前面的拟合变量将结果发送给目标 DataFramc：

```
df2 = i.transform(df2)
```

有关如何处理 NULL 就讨论到这里。讨论的篇幅很长，但这是一个常见的问题，最好能够熟练地处理。正如所见，处理 NULL 的方式很多，如果深入钻研，将发现还有其他处理方式。

8.3.4 去重

下一个问题与重复行相关。这里不详述，因为有一个非常简单的命令可帮助你处理这种问题。与 dropna 和 fillna 一样，dropDuplicates 命令也包含在 DataFrame 类中，下面来尝试使用它：

```
display(df.dropDuplicates())
```

这将查看表中的所有列，并将所有列的值都相同的行删除。如果只想比较部分列（例如，如果数据源包含主键或唯一键），只需添加一个参数：

```
display(df.dropDuplicates(['Store','WeekInMonth']))
```

这个函数使用起来很容易，但不能以任何方式决定要保留哪些行。出现重复行很常见，你迟早会遇到。例如，假设在处理原始行前有替换行到来，而你只需处理最新的行，就需要将原始行删除。普通去重无法以一致的方式解决这种问题。我们来看一个示例：

```
display(df.dropDuplicates(['Store']))
```

这将保留每个商店的第一行。虽然可通过合并并翻转数据来得到想要的结果，但这种方法是非一致的。另外，还可将所有行都收集到一个分区中，但这种做法的效率极低。有鉴于此，需要使用另一种方法。

你可能还记得，前面讨论过分析函数，它们提供了强大的功能。本章后面将更详细地讨论它们，而对于这里的问题，使用它们来解决非常合适，我们来具体看看代码：

```
from pyspark.sql.window import Window
from pyspark.sql.functions import row_number, desc

w = Window
    partitionBy(df['Store']).orderBy(df['WeekInMonth'].desc())
display(df
       .select(df['Store'], df['WeekInMonth'],
              row_number().over(w).alias('Temp'))
       .filter(col('Temp') == 1))
```

这些代码执行的操作很多，我们来详细介绍。我想你对导入部分应该不陌生，它从 pyspark.sql 导入了我们需要使用的函数。Window 让我们能够在 Python 中使用窗口函数，row_number 可帮助我们对行进行排序，而 desc（降序）可用来翻转排列顺序。

然后，通过根据 Store 列对数据进行分区创建了一个窗口，再根据 WeekInMonth 列对每个分区进行排序。desc 将最大的数值排在最前面。这个窗口存储在一个变量中。

接下来，我们对 DataFrame 执行常规选择操作。指定要返回的列时，先指定了 Store 和 WeekInMonth，接下来的代码是出现奇迹的地方。函数 row_number 给窗口中的行赋予编号 1～n，这种操作将在每个分区中分别进行。这些编号放在一个新列中，而命令 alias 将这个新列命名为 Temp。

然后，我们对结果进行筛选，只选择 WeekInMonth 列值最大的那行。由于 WeekInMonth 列值最大的那行的编号为 1，因此可以只返回编号为 1 的行。通过使用这种方法，可指定去重时要保留哪些行。

如果你觉得使用窗口函数的代码令人迷惑，可尝试删除其中的筛选器再运行，这样将知道 Temp 列是什么样的。你还可以重温第 6 章，以更详细地了解窗口函数。

在这个示例中，有一点让人沮丧，那就是最终结果包含一个不需要的列。我们来看看有什么工具可用来将它删除，如命令 drop：

```
display(df.select(df.Store, df.Day, row_number()
 .over(w).alias('Temp'))
 .filter(col('Temp') == 1)
 .drop('Temp'))
```

这就可以了。一个简单的 drop 命令就将这个不需要的列删除了。这个命令位于链条末尾，它在 Temp 完成其使命后才将其删除。当然，前面说过，也可使用这个命令来删除普通列：

```
display(df.drop('Revenue'))
display(df.drop('Revenue','Store'))
```

8.3.5 找出并清除极端值

本章的数据集中存在的最后一个问题是极端值。与本章前面讨论过的其他问题一样，这种问题的解决方式也有很多，有些方式简单，有些复杂些，但最佳的方式是找出异常情况。

一种常见的解决方案是查看平均值、标准偏差和极端值。如果有很多历史数据，可查看该数据集中存在的模式，并检查新信息是否符合该模式。

为此，需要获取有关数据的数据，而完成这种任务的方式有很多。如果你打算手动完成，有一个小窍门可以使用，那就是绘图。内置的绘图引擎是一个很好的工具，非常适合用来发现诸如极端值等基本问题。要了解如何使用这个小窍门，先运行下面的简单查询：

```
display(df)
```

这只提供了数据。现在单击图表按钮，将看到一个古怪的条形图。单击 Plot Options 按钮打开一个新视图，在文本框 Keys 中输入 Store，并在文本框 Values 中输入 WeekInMonth。将聚合方式设置为 count，并将图表类型设置为 Histogram（直方图）。应用这些设置，将看到两个图表，其中包含表示 WeekInMonth 的点。

在对应第一个商店的图表中，数据大都位于左边，但有一个离群值位于最右边。由于数据不多，数据分布看起来很怪异，但如果再添加几行正确的数据，离群值将显得更明显。

如果将鼠标光标指向条形，将看到对应的值，这可帮助你定位离群值，从而更轻松地修复问题。其他类型的图表，如箱线图和 Q-Q 图，也很有用。

然而，如果要以编程方式执行检查，这种方法就不是很有用了。在这种情况下，需要采用不同的方式，一种简单方式是使用函数 describe。我们来看看对本章的数据集执行 describe 函数时，将获得哪些信息。

```
display(df.describe())
```

这个简单命令提供了大量的信息：行数以及列值合理的列的平均值、标准偏差、最小值和最大值。当然，要获取有关部分数据的数据，可对 DataFrame 进行筛选：

```
display(df.filter(df.Store == 'Store 1').describe())
```

这种方式无疑是最简单的，同时能够向你提供大量的信息。然而，如果你只想关注某一列，这有点牛刀宰鸡的意味，在这种情况下，没有必要对所有列都执行相关的计算。

如果你想更直接地完成这种任务，可调用相关的函数来获得与运行上面的代码相同的结果。我们通过一个示例来看看如何只获取 Revenue 列的平均值和标准偏差（这里也根据 Store 列进行分组）：

```
from pyspark.sql.functions import mean, stddev

display(df
        .groupBy('Store')
        .agg(mean('Revenue'), stddev('Revenue')))
```

这很管用。现在可以执行 t 检验，如果你认为这样做有意义的话。虽然 SQL 库中有很多数学函数，但没有 median。有鉴于此，你必须自己做些数学运算，在我看来，最简单的方式是使用函数 approxQuantile：

```
df.approxQuantile('Revenue', [0.5], 0)
```

这将返回给定分位点（跨度为 0～1）的值。如果将第二个参数设置为 0.0，将返回指定列中的最小值；如果将其设置为 1.0，将返回最大值；指定为 0.5 时，将返回中位数，这正是我们想要的。

最后一个参数很有趣，它让你能够指定相对误差。这个参数的取值范围为 0～1，其中 0 表示没有误差。这里将其设置成了 0，以获取精确值。然而，如果有大量的数据，最好做大致估算，这将让 approxQuantile 只采样部分数据，而不是对整列执行计算。

如果要标出异常值，可新建一列，并基于一个或多个筛选器来填充它，当然，还有其他方法。下面来尝试一下，顺便在越来越丰富的工具箱中再添加一个工具。

```
from pyspark.ml.feature import Bucketizer

mean_stddev = df
  .filter(df.Store == 'Store 1')
  .groupBy('Store')
  .agg(mean('WeekInMonth').alias('M'), stddev('WeekInMonth').
alias('SD'))
  .select('M','SD')
  .collect()[0]

mean = mean_stddev['M']
stdev = mean_stddev['SD']

mini = max((mean - stdev),0)
maxi = mean + stdev

b = Bucketizer(splits = [ mini, mean, maxi, float('inf') ]
               ,inputCol = 'WeekInMonth'
               ,outputCol = "Bin")
```

```
dfb = b.transform(df
                  .select('WeekInMonth')
                  .filter(df['Store'] == 'Store 1'))
display(dfb)
```

我们来看看这些代码。首先，计算第一个商店的 WeekInMonth 列的平均值和标准偏差。我们将这些数据存储到一个列表中，再使用这个列表计算基于一个标准偏差的最大值和最小值。然后，使用这些值来填充 Bucketizer 类。

你可能熟悉桶（或直方图）这种概念。大致而言，我们将数据分成几块（统计堆），后面讨论分区时将回过头来介绍这个概念，这里只使用它来找出离群值。

参数 splits 定义了各个桶。这里定义了 4 个桶（可根据需要定义任意数量的桶），其中 3 个桶的上限为前面计算得到的值，而最后一个桶的上限为无穷大，用于捕获极端值。接下来，定义了输入列和输出列，其中输出列是要创建的新列。

最后，执行实际的变换。结果是我们早已熟悉的数据，但新增了一列。新增列的值指出了根据我们定义的规则，当前行属于哪个桶。

正如所见，前三个 WeekInMonth 值位于第一个桶中，这个桶的编号为 0，因为索引从 0 开始。这三个值都比我们定义的最小值大，但比第一个桶的上限小。离群值位于第四个桶（其索引为 3）中。

```
display(dfb.groupBy('Bin').count())
```

这让我们能够快速了解数据分布情况。无论如何想象，分布情况都不是灵丹妙药，但有时它可能很有用，尤其擅长捕获极端值。在有些情况下，使用这种方式可捕获诸如收银员忘记使用小数点这样的错误。

8.3.6 处理列

介绍完如何处理数据方面的问题后，该来看看可能遇到的其他问题了，例如修改列名。例如，从 CSV 文件中读取数据时，得到的表头可能很怪异。在很多情况下，这可能影响你在 Databricks 中创建表。

```
df = spark.createDataFrame(
 [
  ('Robert',99)
```

```
  ],
   ['Me, Myself & I','Problem %']
  )

df.write.saveAsTable('Mytab')
```

如果运行上述代码，将收到错误消息，指出列名包含非法字符，必须重命名。这种任务当然可以通过手动修改每列来完成，但如果有很多奇怪的列名，这种方式的效率会很低。下面来看一种替代方案，它可能更快、更容易：

```
newnames = []
for c in df.columns:
  tmp = c
        .replace(',','-')
        .replace('%','Pct')
        .replace('&','And')
        .replace(' ','')
  newnames.append(tmp)

display(df.toDF(*newnames))
```

这里遍历各列，并将一系列不想使用的字符替换为合适的字符。注意最后一行代码；为了设置新列名，调用了 toDF，并将准备好的列表传递给它，其中的星号将列表拆封（unpack），以便能够将其传递给 toDF 函数。还有很多其他设置新列名的方式，其中有一些在前面介绍过，但我最喜欢这里的方式。

如果你不想细致地控制列名更改，还有一种更快的替代方案，那就是使用正则表达式。这种方案需要编写的代码更少，但别忘了，如果两个列名相同，其中一个列名比另一个列名多了一个特殊字符，这种方案将失败。例如，列名 Revenue 和 Revenue%都将改为 Revenue。

```
import re
newnames = []
for c in df.columns:
  tmp = re.sub('[^A-Za-z0-9]+', '', c)
  newnames.append(tmp)

display(df.toDF(*newnames))
```

如果不熟悉正则表达式，建议你去学习相关资料。没有什么比知道解决办法更能让你像数据忍者（data ninja）。在这个示例中，我们查找不是字母或数字的字符（脱字符^表示“不是”），并将它们删除。

8.3.7 转置

有时需要将行变成列，在 Excel 中，可能经常需要这样做。在 Excel 中，这称为转置；Pyspark 中也有这样的概念，也称为转置。

大致而言，转置就是数据绕给定的轴旋转，因此称为转置。这里的轴为某列中的数据。我们来看一个示例，如果你不熟悉转置，这可能让它理解起来更容易。

```
df_pivoted = df
        .groupBy('WeekInMonth')
        .pivot('Store')
        .sum('Revenue')
        .orderBy('WeekInMonth')

        display(df_pivoted)
```

我们根据 WeekInMonth 列进行分组，并计算累计收入，这些都能明白。这里新增的内容是函数 pivot，它提取 Store 列的值，并将它们作为列标题。

这将生成一个新的 DataFrame，它在商店与周的交叉点上显示收入。虽然可以行的方式显示这些数据，但这里的显示方式通常更清晰。为了进行比较，可执行下面的代码片段，你将发现它生成的数据阅读起来要困难得多。

```
display(df
        .groupBy('Store','WeekInMonth')
        .sum('Revenue')
        .orderBy('WeekInMonth'))
```

转置有助于让数据看起来更清晰，但它还有很多其他用途。例如，为机器学习应用场景准备数据时，经常会用到它，这是你工具箱中的另一个工具。

如果要进行反转置，也是可以实现的，但没有转置那么容易。由于没有实现反转置的内置解决方案，因此需要用点小伎俩。我们来看看如何对前面得到的结果进行反转置：

```
display(df_pivoted
        .withColumnRenamed('Store 1','Store1')
        .withColumnRenamed('Store 2','Store2')
        .selectExpr('WeekInMonth',
                "stack(2, 'Store 1', Store1, 'Store 2', Store2) as
                 (Store,Revenue)"))
```

在这个示例中，先对列进行了重命名，以便能够在后面引用它们。然后执行了 selectExpr，其逻辑与 SELECT 语句相同。

这里的窍门是使用命令 stack，它是一个表生成函数，按指定的顺序返回数据。第一个值指定需要生成多少列；然后指定第一行的名称、第一行的值，第二行的名称、第二行的值，以此类推；最后设置新列的名称。

命令 stack 在反转置数据方面很有用，但也可单独使用它来创建表。如果要快速生成一些数据，可不使用命令 createDataFrame，而使用 stack：

```
df = spark.sql("select stack(3,'Store 1',1, 448,'Store 1',2,
449,'Store 1',3, 450 ) as (Store,WeekInMonth,Revenue)")

display(df)
```

8.3.8 爆裂

经常会遇到另一种情形，那就是多个数据点存储在同一列中。将源格式为 JSON 的信息直接存储到关系型数据库时，尤其容易出现这种情况。

要解决这种问题，可使用命令 explode。它接受包含多个值的字符串，并将每个值都分别放在一行中。下面的简单示例演示了如何使用这个命令：

```
from pyspark.sql.functions import explode

df = spark.createDataFrame([
       (1, ['Rolex','Patek','Jaeger']),
       (2, ['Omega','Heuer']),
       (3, ['Swatch','Rolex'])],
       ('id','watches'))

display(df.withColumn('watches',explode(df.watches)))
```

这里先创建了一个新的 DataFrame。正如所见，在同一列中添加了多个值。虽然添加数据时这样做方便，但数据有点乱，读取起来比较麻烦。有鉴于此，我们使用命令 explode 创建了一个结构化程度更高的表。

实际发生的情况是这样的：对于指定列中的每个字符串，Apache Spark 都创建一个新行来存储它，同时将其他列中的数据都复制到新行中，这让你能够像通常那样进行聚合。

注意，像前面那样存储数据将导致数据集非规范化。前面说过，非规范化并非坏事，但务必注意，否则对信息进行聚合时可能犯错。

8.3.9　什么情况下惰性求值有益

还有一点值得一提，那就是 PySpark 采取了惰性求值策略，这在前面说过多次。这有利也有弊。例如，这让优化器能够一次性收集所有的信息，进而创建一个有关如何获取数据的包罗万象的计划。

```
df = spark.sql('select * from Mytab')
df.filter(df['mycol'] == 'X')
df.count()
```

前两个命令都不是行动操作，这意味着它们不会实际去执行获取数据这种重负载操作，但最后一个命令会去操作。这样的好处是，将只读取筛选出来的数据，虽然最初要求的是读取所有数据。因此，在这里惰性求值是有益的。

然而，在有些情况下，惰性求值并非好事。一个例子是，需要多次使用一个 DataFrame，但每次都只做一点点处理。例如，执行连接时就是这样的：

```
df_huge = spark.sql('select * from hugetable')
df_bigdim = spark.sql('select * from bigtable')
df_combined = df_huge.join(df_bigdim,'commonkey')
```

显然，如果你打算实现某种需要迭代维表的逻辑，惰性求值将是有害的，因为每次引用 df_combined DataFrame 时，都将重新执行连接操作。当然，可添加筛选器，但通常更佳的做法是通过创建临时表来物化查询。注意，在这里，创建视图没有帮助，而必须存储数据。

这是创建平面表过程的开头部分，称为非规范化，它消除了传统数据库中通常使用的规范化。这里的理念是以数据冗余、占用的存储空间增多以及预先做些处理为代价，来换取读取速度。

如果数据是以 Parquet 格式存储的，这种技巧也管用，因为将只需读取需要的列。可以在表末尾添加冗余属性，而不影响性能。

这将占用更多的存储空间，但由于磁盘的价格不再昂贵，因此不需要担心这种问题。如果可避免频繁地连接，将能够节省大量时间和资源。

如果连接操作不可避免，有几点需要考虑。考虑到其工作原理，Apache Spark 实在不擅长执行大型数据集连接。在数据分散在众多节点的情况下，要执行连接，必须进行开销巨大的混洗。

理想情况下，连接的一端为小型表，如维表。如果是这种情况，Apache Spark

将向每个节点分发一个备份，这称为广播连接。通常，这是在幕后进行的，但如果你要确保必须如此，可像下面这样做：

```
from pyspark.sql.functions import broadcast
df_result = df_huge.join(broadcast(df_bigdim), 'commonkey').explain()
```

这将强行分发维表。命令 explain 返回优化器推理（optimizer reasoning），你将发现发送的数据（BroadcastExchange）是 bigdim 表中的数据，执行的是 BroadcastHashJoin 操作。本章后面将详细介绍如何读取这些计划。

如果删除命令 broadcast 并运行 explain，很可能发现 Apache Spark 还是像上面说的那样做，至少在维表确实很小时如此。广播大型表不是什么好主意，在上面的命令中，如果将两个表的位置互换，可能会失败，因为被广播的表规模太大。

还有其他一些诀窍，但与前面的广播连接一样，这些诀窍大都无须显式地使用，因为 Apache Spark 会在幕后使用它们。然而，在有些情况下，可能需要确保这些诀窍是适用的，因此下面简要地讨论一下。

8.3.10 缓存数据

在 Databricks 中，你可能很快就会遇到的一点是缓存。除非关闭建议，否则对某些表执行查询时，将看到包含缓存建议的弹出窗口。缓存背后的理念是，应将数据存储在节点的本地内存中，以提高节点访问数据的速度。通过这样做，以后再查询同样的表时，速度将更快。下面演示了如何强制缓存表：

```
CACHE TABLE mytab;
```

如果不打算马上读取数据，可添加关键字 lazy。这会告知 Databricks，你希望这个表被缓存，但不必马上这样做，而等你在其他查询中选择数据时再缓存。

```
CACHE LAZY TABLE mytab;
```

不再需要这个表时，通常最好将其从缓存中删除，否则，它只会无谓地消耗资源。然而，即便不这样做，Apache Spark 最终也会将其清除，这是使用最近最少使用（least recently used，LRU）算法实现的。务必牢记这一点；如果感觉缓存不管用，很可能是因为过度使用资源，导致缓存的表被清除了。下面演示了如何将表从缓存中删除：

```
UNCACHE TABLE mytab;
```

当然，也可使用 Python 来完成这种任务，为此可使用命令 cache 和 unpersist，结果与使用 SQL 这样做时相同。下面的示例假设加载了指定的 DataFrame。

```
df.cache()
df.unpersist()
```

前面使用的都是 Apache Spark 缓存，它始终可用。除 Apache Spark 缓存外，还可激活并使用 Delta 缓存，这是 Databricks 新增的，让你能够使用一种新的缓存技术。其核心理念与 Apache Spark 缓存相同，但实现方式不同。

一个重要的区别是，它是基于磁盘的，而不是基于内存的。这种解决方案看似差一些，但实际上使用固态硬盘的现代存储系统真的很快。内存当然更快，但也更稀缺。

另一个重要区别是，缓存是自动进行的。无须指定需要缓存哪些数据，只要启用了缓存，就会自动缓存。如果愿意，也可显式地缓存对象。另外，还可缓存表的一部分，稍后将看到这一点。

注意，从名称上看，好像如果要使用 Delta 缓存，必须使用 Delta Lake，但实际上，Delta 缓存可用于任何 Parquet 文件，但不可用于其他任何文件类型。它不要求文件存储在 Databricks 文件系统中，但只支持 Parquet 文件。

要使用 Delta 缓存，需要选择一种预先配置好的工作节点类型。在存储优化选择（storage optimized selection）下，有一些后面带括号，且括号内有字样 Data Cache Accelerated 的选项。使用这些选项可给这项特性指定配置设置。

如果要手动配置 Delta 缓存，需要设置几个标志。可在集群配置中设置，也可使用命令来设置。要查看当前设置，可执行下面的命令，它们分别指出是否启用了这项特性、是否要对缓存的数据进行压缩、在每个工作节点上最多可将多大磁盘空间用于缓存、最多可将多大空间用于缓存元数据。

```
print(spark.conf.get("spark.databricks.io.cache.enabled"))
print(spark.conf.get("spark.databricks.io.cache.compression.
enabled"))
print(spark.conf.get("spark.databricks.io.cache.maxDiskUsage"))
print(spark.conf.get("spark.databricks.io.cache.maxMetaDataCache"))
```

如果没有启用这项特性，后面三个命令将毫无意义。要启用 Delta 缓存，可设置标志 spark.databricks.io.cache.enabled。为此，可在 Python 单元格中像下面这样做：

```
spark.conf.set("spark.databricks.io.cache.enabled", "True")
```

对于其他参数，应通过设置它们来确保在工作节点中占用的磁盘空间不超过可用磁盘空间的一半。使用一种预先配置的节点类型时，占用的磁盘空间也不会超过可用磁盘空间的一半。

前面说过，无须显式地缓存数据。然而，如果要缓存表的一部分，可以显式地这样做。如果表中有大量历史数据，而你只希望能够方便地使用最近一个月的数据，可能就应该只缓存表的一部分：

```
CACHE SELECT * FROM mytab WHERE year = 2020;
```

这很容易，只需编写查询，并在开头添加命令 cache。前面说过，不用显式地这样做，因为只要请求的数据足够多，Databricks 就将确定应该缓存它们。

你可能认为缓存很好，所有数据都应缓存。这种想法不太好。实际上，Databricks 很擅长混洗数据。同时，你不太可能频繁地使用同样的数据。因此，耗尽本地内存和存储空间来缓存数据可能会浪费时间和资源。

而如果确定将反复使用同一个数据集，缓存可能会有所帮助。与其他工具一样，需要根据具体情况具体分析，以确定使用缓存是否合适。

8.3.11 数据压缩

你可能对数据压缩有大致认识，它是一种缩小数据规模的方式。这可节省磁盘和内存空间，因此通常是有益的。然而，也存在一个缺点，那就是需要解压缩。为了将数据恢复到原始状态以便进行分析，需要消耗一些处理能力。虽然数据分析通常不是计算密集型的，但最好还是牢记这一点。

在有些情况下，如音乐和视频，损失一些信息是可以接受的。但在数据分析中，情况并非如此，除非所处理的是图像或声音。对于传统数据，压缩必须是无损的。

有很多不同的算法力图以最佳的方式进行压缩，它们通常都在速度和压缩率之间权衡，速度快通常意味着压缩率低。

使用 Parquet 文件格式时，默认将使用压缩算法 snappy，它很好地平衡了压缩率和速度。还有其他压缩算法。根据你的数据以及对速度的要求，可能会发现其他压缩算法更合适。

可供选择的现成选项包括不压缩、gzip、lz4 以及 snappy。我们使用一个很小的数据集来尝试各种选项，看看结果有何不同。

```
import time

targetDir = '/filetemp'
dbutils.fs.mkdirs(targetDir)

sourceData = '/databricks-datasets/power-plant/data'
files = dbutils.fs.ls(sourceData)
originalSize = sum([f.size for f in files])

df = spark
  .read
  .options(header='True'
          ,inferSchema='True'
          ,delimiter='\t')
  .csv('{}/*'.format(sourceData))
algos = ['uncompressed', 'lz4', 'gzip', 'snappy']

rounds = 3
for a in algos:
  print(a)
  runTime = 0
  for i in range(rounds):
    startTime = time.time()
    df.write
      .mode('overwrite')
      .parquet('{}/{}.parquet'.format(targetDir,a), compression = a)
    runTime = runTime + (time.time() - startTime)
    print('Run {} {}'.format(i, time.time() - startTime))
  print('Avg {}'.format(runTime/rounds))
  files = dbutils.fs.ls('{}/{}.parquet'.format(targetDir,a))
  compressedSize = sum([f.size for f in files])
  print('Size {}'.format(compressedSize))
  print('Gain {}'.format(round(1-(compressedSize/originalSize), 3)))

dbutils.fs.rm(targetDir, recurse=True)
```

先在 Databricks 文件系统中创建了一个临时文件夹，再读取一些现成的标准数据。我们计算文件大小，将其作为检查压缩效率的基线。

变量 algos 是一个列表，其中包含这里要尝试的 4 个选项。我们使用变量 rounds 指定对于每种压缩算法，都要对其执行的次数。这里指定的是 3 次，但完全可再加几次。

在循环中，我们将数据写入根据所使用的算法命名的文件。显示每次迭代的运行时间，以及平均时间。然后，遍历文件夹中的文件，并累计这些文件的大小，看看不同压缩算法的表现如何。同时，根据累计的文件大小，计算节省了多少存储空间。

我看到的结果是，gzip 的压缩率最高，而 snappy 的速度最快。当然，执行时间并不是固定的。数据规模有限时，计算得到的速度并不准确，但每次的压缩率都相同。注意，即便没有使用任何压缩算法，压缩率也挺高，这是因为在存储数据方面，文本文件的效率不高。

如果要对文本文件做同样的测试，完全可以这样做，只需将 Parquet 替换为 CSV。在这种情况下，你将发现未压缩真是名副其实，它只是重写文件而已：

```
.csv('{}/{}.csv'.format(targetDir,a), compression = a)
files = dbutils.fs.ls('{}/{}.csv.format(targetDir,a))
```

顺便说一句，在前面的示例中，最后做了些清理工作。如果想保留数据，以便能够更深入地研究结果，只需将最后一行代码注释掉，但研究完毕后别忘了将这些数据清除。

如果要修改在集群层级使用的默认压缩算法，只需设置一个相关的标志。这样，当存储 Parquet 文件时，如果没有指定压缩算法的标志，将使用指定的压缩算法。在下面的代码中，第二个命令显示当前默认使用的压缩算法。

```
sqlContext.setConf('spark.sql.parquet.compression.codec', 'gzip')
sqlContext.getConf('spark.sql.parquet.compression.codec')
```

顺便说一句，测量时钟时间并非理想的性能评估方式，因为有很多外部因素会可能影响性能，在被测试代码的运行时间很短时尤其如此。在这种情况下，更佳的做法是使用诸如 timeit 等工具：

```
%timeit sum([i for i in range(10000)])
```

如果不怕麻烦，测试一下另一种算法——LZO（Lempel-Ziv-Oberhumer），它的表现有时比 snappy 好。然而，在 Databricks 中并没有预安装 LZO，因为必须获得许可才能这样做。如果你愿意，可以自行安装。要获得有关这方面的指南，可以参考其文档。

8.3.12 有关函数的简短说明

贯穿本书的过程中我们都在使用各种模块，它们提供了大量的扩展功能。有时候，你可能想在自己的代码中实现同样的功能。而创建自定义函数，就可以防止反复编写同样的代码。

本章前面稍微涉及了这一点，现在再来谈谈，包括向量化的 UDF 和 lambda 函数。这里只谈 Python 函数，如果你对 SQL 函数感兴趣，可以重温第 6 章，其中提供了语法示例。

需要指出的是，虽然用户定义的函数（UDF）有其用武之地，但除非万不得已，否则不要使用它们，因为在 Python 中，很容易编写出糟糕的 UDF，进而降低性能。

另外，不要试图去重新创建已有的函数。虽然从零开始编写线性回归函数很容易，但你编写的很可能没有 MLlib 包提供的那么好，因此还是直接使用现成的吧。最常用的函数都已经创建好了。

8.3.13 lambda 函数

通常你会创建函数，以便能够反复调用同样的代码，但在有些情况下，需要的只是一次性的权宜解决方案。这正是 lambda 函数（有时称为匿名函数）的用武之地。它们的工作原理类似于函数，但不需要声明。你可能还记得，本章前面使用过 lambda 函数：

```
display(df.filter(reduce(lambda a1, a2: a1 | a2, (col(c).
isNull() for c in cols))))
```

下面来看一个常规函数和一个匿名函数，它们的作用完全相同，不同的是，常规函数是预定义的，而匿名函数可嵌入代码中：

```
def plusOne(i):
        return i + 1

lambda i: i + 1
```

上述代码只定义了函数要做什么，并没有实际执行它们。如果要执行这些代码，还需再做些工作。为此，最简单的方式是将这个 lambda 函数放在括号内，并向它传递一个参数：

```
(lambda i: i + 1)(1)
(lambda i, j: i + j)(1,2)
```

然而，这不是很有用。在类似于本章前面的示例中，lambda 函数才能真正创造价值。另外，与另一项特性（映射函数）一起使用时，lambda 函数也将熠熠生辉。映射函数让你能够遍历字典、列表等，并对其中的每个元素调用特定函数。在你需要保持代码简洁时，这提供了极大的便利。

```
countries = ['Sweden','Finland','Norway','Denmark']
mapResult = map(lambda c: c[::-1], countries)
print(list(mapResult))
```

这些代码获取列表中的每个国家，将其中的字符的排列顺序反转，并返回结果。这里的 lambda 函数使用了字符串切片操作来反转字符排列顺序，其中的-1 让 Python 从字符串末尾开始反向遍历。

依次将每个国家作为参数传递给 lambda 函数，最终结果是以映射对象的形式返回的。我们将这个映射对象转换为列表并打印出来，以便能够查看结果。

实际上，可给 lambda 函数命名，这让它们很像常规函数。下面的简单示例演示了如何给 lambda 函数命名。我个人不常这样做，但你需要知道能够这样做：

```
plusOne = lambda i: i + 1
plusOne(4)
```

如果经常这样做，应考虑使用常规函数。虽然使用常规函数更烦琐些，但阅读代码的人更容易查找它们。前面说过很多次，可读性高大有裨益。

8.4 数据存储和混洗

有关数据存储，我们谈了很多，现在来重温另一个主题，让本章圆满结束。具体地说，我们来说说分区、保存模式和表管理。

8.4.1 保存模式

前面讨论如何保存数据时，未涉及的一点是保存模式。你可告知 Apache Spark，如果目的地已经有数据，该如何办。

可选择的模式有 4 种。第一种模式是 error，它在写入的文件或文件夹已存在时将引发错误。可以想见，这是默认模式。

```
df = spark
        .read
        .option('delimiter','\t')
        .option('header','False')
        .csv('/databricks-datasets/songs/data-001')

df.write
        .csv('/temp/data.csv')
```

第一个命令读取了一些数据，而第二个命令将数据写入另一个地方。这没有任何问题，因为要写入的文件并不存在。现在尝试再次运行第二个命令：

```
df.write
         .csv('/temp/data.csv')
```

这将显示一条错误消息，指出指定的路径已存在。如果要替换既有文件，可使用模式 overwrite 让 Apache Spark 覆盖它。我们来尝试使用同样的输入数据这样做：

```
df.write
         .mode('overwrite')
         .csv('/temp/data.csv')
```

虽然文件已存在，但是代码也将正常运行，将旧文件替换为新文件。现在假设你不想替换信息，而只想添加新信息，有一个能够这样做的模式 append：

```
df = spark
        .read
        .option('delimiter','\t')
        .option('header','False')
        .csv('/databricks-datasets/songs/data-002')

df.write
        .mode('append')
        .csv('/temp/data.csv')
```

这将把新数据写入新文件。如果查看相应的文件夹，将发现其中包含两次写入的数据，它们位于不同 ID 的文件中。如果读取这些文件，将同时获得两个数据集中的数据。

```
df = spark
        .read
        .option('delimiter','\t')
        .option('header','False')
        .csv('/temp/data.csv')
```

最后，还有模式 ignore，它类似于默认模式 error，但不会引发错误。如果不希望作业流因发生写入错误而失败，这很有用。

```
df.write
        .mode('ignore')
        .csv('/temp/data.csv')
```

这些代码将能够正常运行，但实际上什么都没做。如果在执行这个命令前后查看相应的文件夹，将发现数据没有任何变化。使用这种模式时，务必牢记其工作原理，以免不小心读取了旧数据。

8.4.2 受管表和非受管表

默认情况下，你创建的表是受管的，这意味着 Databricks 将负责同时管理数据和元数据。但并非必须如此，如果愿意，你可自己负责管理数据，而让 Databricks 只负责管理元数据。要将信息存储到数据湖中时，在这方面做出的选择很重要。

这两个选项的主要不同之处体现在，当请求 Databricks 删除表时发生的情况。如果删除的是受管表，底层文件也将消失；如果删除的是非受管表，底层文件不会消失。我们通过一个小测试来验证这一点：

```
df = spark
        .read
        .option('delimiter','\t')
        .option('header','False')
        .csv('/databricks-datasets/songs/data-001')
df.write.saveAsTable('songs')
dbutils.fs.ls('/user/hive/warehouse/songs')
spark.sql('drop table songs')
dbutils.fs.ls('/user/hive/warehouse/songs')
```

在这个示例中，我们读取一些数据，将其写入一个表中，并查看所创建的文件。然后删除这个表，并尝试再次查看文件，将发现它们消失了。当删除这个表时，Databricks 也将清除文件，为你省却了麻烦。下面尝试对一个非受管表这样做：

```
df.write.csv('/temp/songs')
dbutils.fs.ls('/temp/songs')
df.write.option('path', '/temp/songs').saveAsTable("songs")
spark.sql('drop table songs')
dbutils.fs.ls('/temp/songs')
```

在这个示例中，我们将数据复制到一个文件夹中，再使用选项 path 创建一个非受管表。然后将这个表从 Hive 中删除，你将发现文件还在，删除的只有元数据引用。

有一点必须了解，那就是如果创建受管表的过程未结束就被中断，可能面临混乱的局面。运行下面的命令，并确保已开始运行但还未结束时撤销它。

```
df = spark
        .read
        .option('delimiter','\t')
        .option('header','False')
        .csv('/databricks-datasets/songs/data-002')
```

```
df.write.saveAsTable('songs2')
```

如果你设法及时地中断这个作业，则运行过程将处于非稳定状态。如果尝试再次运行第二个命令，将会失败，而给出的错误消息指出指定的表已存在。然而，如果尝试读取这个表，也将给出一条错误消息，指出这个表不存在。

为什么会这样呢？因为文件夹已创建，元数据已存储，但数据没有全部插入。面临这种局面时，必须求助于一个令人不安的选项——将底层文件删除：

```
%sh rm -r /dbfs/user/hive/warehouse/songs2
```

注意，这里没有使用命令%fs。Databricks 不允许使用命令%fs 来干扰 Hive 元数据，因为这样的情况不应发生。这是一个万不得已时才能使用的选项，除非绝对必要且其他选项都不管用，否则不要使用这个选项。

8.4.3 处理分区

分区指的是 Apache Spark 可在节点之间分配数据片段。如果要在 10 个节点上处理 1000 万行数据，理想情况是让每个节点有一个数据片段。这些数据片段称为分区，而任务数等于分区数。当创建或读取数据时，数据将自动存储到分区中。

使用 Databricks 时，大多数情况下都不用关注这些，因为 Databricks 将在幕后替你处理。有很多默认设置（如 defaultParallelism 和 maxPartitionBytes）可确保不错的性能。

下面来看看分区到底是什么，为此，最简单的方式是查看其内容。我们从数据集 songs 中读取几首曲子，并将它们分成 4 个分区，以便能够查看这些分区。

```
df = spark
        .read
        .option('delimiter','\t')
        .option('header','False')
        .csv('/databricks-datasets/songs/data-001')

dftop25 = df.select('_c4').limit(25)
dftop25.repartition(4).rdd.glom().collect()
dftop25.count()
```

第三个命令将返回一个包含行的列表。你将发现，有 4 个列表，这是因为我们在代码中使用命令 repartition 显式地将数据分成了 4 个分区。每个列表（或分区）都包含相应的数据。

在最后一行代码中，我们运行了命令 count。这将创建 4 个任务（每个分区一个任务），由节点中的执行器进行处理。第一个执行器计算第一个列表中的行数，第二个执行器计算第二个列表中的行数，依次类推。当然，这些计算是并行进行的。

虽然 Apache Spark 会替你处理这些事情，但如果 Apache Spark 出错，你可能会处于尴尬的境地。在这种情况下，需要对数据重新分区，将其划分为更容易管理的片段。

要重新划分数据，有两种方式：一是重新分区，这将重新混洗并重新分配数据，因此开销很大；二是合并（coalesce）数据（如果想减少分区数），这只需将不想要的分区中的数据移到要保留的分区中。下面来看看这两种方式。

```
df = spark
        .read
        .option('delimiter',',')
        .option('header','False')
        .csv('/databricks-datasets/airlines/part-0001*')

        df.rdd.getNumPartitions()
        df.count()
```

我们先读取一些数据，这在前面做过很多次。这里从数据集 airlines 中读取了 10 个文件。通过执行命令 getNumPartitions（它只能用于 RDD），我们获悉有 10 个分区。

运行命令 count 后，如果将作业展开并查看第一个阶段，将看到有 10 个任务——每个分区一个。这意味着作业被大致平均地分配给节点上的执行器。下面来看看修改分区数时发生的情况。

```
df.repartition(5)
        .write
        .mode('overwrite')
        .saveAsTable('fivepart')

df.rdd.getNumPartitions()
```

第一条语句读取数据，将其分成 5 个分区，并根据分区数设置保存表。有趣的是，DataFrame 本身不会变，因为它依然指向底层文件。

注意，分区数从 10 减少到了 5，因此这里可使用 coalesce（而不是 repartition）。除修改 repartition 外，代码的其他部分不变，工作方式也不变。

```
df.repartition(5)
```

```
        .write
        .mode('overwrite')
        .saveAsTable('fivepart')
```

无论是使用 coalesce 还是 repartition，生成的表都包含 5 个分区。实际上，这意味着 Databricks 将在相应文件夹中创建 5 个文件。要验证这一点，可使用 fs 命令查看 Databricks 文件系统：

```
%fs ls /user/hive/warehouse/fivepart
```

这将显示组成表的 Parquet 文件，文件数与我们请求的分区数相同。还可查看文件大小，这对于在读取时没有获取预期分区数会有所帮助。

```
df5p = spark.sql('select * from fivepart')
df5p.rdd.getNumPartitions()
df5p.count()
```

将表读取到一个新的 DataFrame 中时，我们发现分区数与预期的相同。通过展开 count 的作业视图，可验证现在实际上只有 5 个任务。注意，分区和文件之间并非存在一一对应的关系，分区数并不能决定 RDD 将被如何分割：读取数据时，Apache Spark 能够（也将）做出独立于底层文件结构的决策。

```
df5p.repartition(1)
        .write
        .mode('overwrite')
        .saveAsTable('onepart')

df1p = spark.sql('select * from onepart')
df1p.rdd.getNumPartitions()
df1p.count()
```

这里所做的与前面相同，但将分区数指定为 1。突然之间，任务数减少到了 1，这意味着将由一个执行器来完成所有的工作。就这里而言，这关系不大，因为数据量很小。在数据很大的情况下，这将是一个问题。如果你的容量（capacity）足够，可测试下面的代码：

```
df = spark
.read
.option('delimiter',',')
.option('header','False')
.csv('/databricks-datasets/airlines/part-001*')

df.repartition(1)
        .write
        .mode('overwrite')
```

```
        .saveAsTable('onepart')

df1p = spark.sql('select * from onepart')
df1p.rdd.getNumPartitions()
```

这里的不同之处在于，读取了 100 个文件（而不是 10 个文件），因为我们将星号向左移了一位。突然之间，完成工作所需的时间更长了。前面说过，这是因为只有一个节点上的一个处理器核心来负责完成所有的工作。对 Apache Spark 来说，这种情况几乎是最糟的。

读取数据时，分区数实际上恢复到了更合理的值，而不再是预期的 1 个分区。这是因为系统伸出了援手，它根据前面说到的默认设置将到来的数据分成了合理数量的块。换言之，不能将大量数据都塞到一个分区中。

你可能认为，沿相反的方向走向极端是个不错的主意。不是的，这不是好主意，因为处理众多的任务将产生很大的开销。我们来看看在这里的示例中这样做的结果：

```
df = spark
        .read
        .option('delimiter',',')
        .option('header','False')
        .csv('/databricks-datasets/airlines/part-0001*')

df.repartition(10000)
        .write
        .mode('overwrite')
        .csv('/temp/csvforfun')

df = spark
        .read
        .option('delimiter',',')
        .option('header','False')
        .csv('/temp/csvforfun')

df.count()
```

你将发现，写入大量文件需要较长的时间。即便对计算机来说，计数到 10000 也需要一点时间，分布式计数尤其如此。读取数据时，Databricks 将作业分成了默认的 200 个任务。

为何写入文件需要较长时间呢？这不足为奇。如果将工作分成很小的片段，在调度上花费的时间将超过在完成实际工作上花费的时间。因此，需要取得平衡。

你可能会问，划分为多少个分区合适呢？这取决于数据量和节点数。一个经验法则是每个处理器核心 3～4 个任务，这并非放之四海而皆准，但可将其作为尝试的起点。

前面说过，Databricks 擅长自己确定分区数，但在有些情况下，你可能能够施以援手。如果性能糟糕，或者语句都不能成功地执行，或许就应该查看默认设置以及实际使用的分区数，尤其要注意下面的设置：

```
print(spark.conf.get("spark.sql.shuffle.partitions"))
print(spark.conf.get("spark.default.parallelism"))
```

在很多情况下，可能要定义分区键（partition key），从而显式地告知 Databricks 如何划分数据。例如，你可能知道只需要数据中的很小一部分，且可将分区键作为筛选器。

```
df = spark
        .read
        .option('header','True')
        .option('inferSchema','True')
        .csv('/databricks-datasets/airlines/part-00000')

df.write
        .partitionBy('Origin')
        .saveAsTable('originPartitioned')

%fs ls /user/hive/warehouse/originpartitioned/
df2 = spark.sql('select * from originpartitioned where Origin =
"SAN"'). explain()
```

这些代码让 Databricks 根据 Origin 列进行分区，再存储数据。查看文件夹结构时，我们发现每个始发机场都有自己的文件夹。

运行最后一个命令查看查询的执行计划，它显示了这样做的优点。获取 Origin 列为特定值的行时，只需读取相关的数据，执行计划中的如下内容指出了这一点：

```
PartitionFilters: [isnotnull(Origin#305), (Origin#305 = SAN)]
```

在有些情况下，可能想根据多个键进行分区，为此，只需像下面这样在 partitionBy 子句中添加额外的列：

```
df.write
        .partitionBy('IsArrDelayed','IsDepDelayed')
        .saveAsTable('arrdepPartitioned')
```

```
%fs ls /user/hive/warehouse/arrdeppartitioned/
%fs ls /user/hive/warehouse/arrdeppartitioned/IsArrDelayed=NO/
```

正如所见，在这种情况下，在第一个分区键对应的文件夹下，包含与第二个分区键对应的子文件夹。可指定多级的子分区方案，但级数别太多，而应根据接下来要做的事情选择合适的子分区方案。

需要注意的是，自己对数据进行分区时，将增加导致数据倾斜的风险。这在本章前面说过，但这里还要重申这一点，因为数据倾斜可能是致命的。你肯定不希望出现分区不均衡的情况，因为分区不均衡时，将面临如下风险：一个处理器核心承担的工作比其他处理器核心多得多，进而成为瓶颈。

8.5　小结

本章的篇幅也很长，涵盖大量的 Apache Spark 功能。掌握这些知识后，就能应对你可能遇到的大部分数据提取、变换和加载任务。

本章简要地介绍了 Spark UI，并深入探讨了数据整理和变换，这包括转置、爆裂、如何处理 NULL 值等。

接下来，介绍了优化技巧，如压缩和缓存。然后对如何使用函数做了简短的说明，并介绍了如何在不预先声明的情况下使用函数。

最后，本章简要描述了数据存储，这包括使用不同的保存模式来添加和覆盖数据，以及如何管理外部数据。另外，我们还尝试使用了 Apache Spark 提供的分区选项。

第 9 章将介绍如何连接到其他系统。

第 9 章 在 Databricks 和外部工具之间建立连接

前面介绍了如何使用文件将数据添加到 Databricks 中。可能需要直接从数据源拉取大量数据或将大量数据直接推送到数据源，通过使用 ODBC 和 JDBC，可轻松地完成这种任务。

本章将介绍如何在 Windows 和 Mac 系统中安装这些解决方案，并以一些常用工具为例，说明如何在 Databricks 和外部工具之间建立连接。

然后，我们将介绍如何使用 JDBC 将多种不同数据库系统中的数据拉取到 Databricks。阅读本章后，你将对如何直接在数据源和 Databricks 之间传输数据有深入认识。

9.1 为何要在 Databricks 和外部工具之间建立连接

你现在可能认识到了，可在 Databricks 中完成数据分析工作，但数据大都不是在这里创建的，因为 Databricks 并不适合充当运营系统的平台。

因此，从其他工具访问 Databricks 的情况很常见。你可能想在电子表格或 Tableau 等可视化工具中鼓捣数据，或者想在另一个数据引擎中进一步处理信息。无论是哪种情况，都必须能够在外部工具和 Databricks 之间传递数据。

要传输数据，一种方式是使用文件，这在前面讨论过。这种传输数据的方式很容易，它独立于系统，且无须通过网络在系统之间建立连接。

然而，这种方式不太方便，在不知道需要哪些数据时尤其如此。在这种情况下，需要执行额外的步骤——仔细地研究数据。另外，对于很多工具来说，必须使用讨厌的 CSV 格式。

由于上述原因，有时更佳的选择是建立直接连接。这让你能够快速访问存储在 Spark 中的所有信息。你只需发送查询，Databricks 将执行查询，再将结果返回给客户端。

开放数据库连接（open database connectivity，ODBC）和 Java 数据库连接（Java database connectivity，JDBC）是最常见的通用数据库连接方式，让你能够从包括 Databricks 在内的任何数据库中获取数据，它们都让你能够在 Databricks 和外部工具之间建立连接。

ODBC 和 JDBC 的工作原理很类似，都提供了用于同数据库通信的编程接口。要让它们发挥作用，需要安装一个客户端包——驱动程序。驱动程序将充当连接到外部系统的中介，它提供了与目标数据库通信所需的一切。

从外部访问 Databricks 时，也可使用这种解决方案。它不仅让其他系统能够访问 Databricks，还可用来拉取数据。为了传输数据，通常使用文件、流式服务或 ETL 工具，也可以使用 ODBC 和 JDBC。

注意，并非在任何情况下，建立到集群的直接通道都是首选的数据传输方式。在有些情况下，使用文件来传输数据可获得更佳的性能（如果能使用合适的文件类型的话）。另一个问题是，如果连接时集群尚未启动，将需要等待集群启动，而大多数客户端工具都不会等待这么长时间，进而会返回错误码。因此，连接时集群必须处于活动状态，而这可能带来高昂的成本。

在部署的集成环境中，应考虑使用专为共享数据而设计的工具，Sqoop、NiFi 和 Kafka 是三个流行的开源程序，能够很好地与 Databricks 协同工作。

9.2 让 ODBC 和 JDBC 运转起来

要使用 ODBC 和 JDBC 来访问 Databricks，需要做大量的准备工作。先需要安装正确的驱动程序。有多种这样的驱动程序可用，但连接到 Databricks 时，应使用 Simba 提供的驱动程序，它最合适，也是 Databricks 推荐的。

要下载驱动程序，可以访问 Databricks 官网。输入你的联系信息，再提交。

将出现感谢（Thank You）页面。过段时间后，你的收件箱中将有一封新邮件，其中包含到所有驱动程序版本的链接。ODBC 驱动程序因目标平台而异，但 JDBC 驱动程序在所有平台中都相同。

需要指出的是，正常情况下，Simba Spark 驱动程序并非免费的。Databricks 与 Simba 达成了免费提供驱动程序的交易，但只能使用它来连接到 Databricks。因此，要使用它来连接到自己搭建的 Spark 集群，必须单独购买许可证。

9.2.1 创建令牌

要在客户端使用 ODBC 或 JDBC 来访问 Databricks，还要有令牌。这是你要使用的机密密钥，它用于标识你和你要使用的工作区（在很多工具中，使用用户名和密码来标识）。下面来创建一个令牌。

进入任意 Databricks 页面，其左上角有一个账号按钮（头像）。单击它并选择 User Settings。在出现的页面中，单击第一个选项卡标签（Access Tokens）。

单击按钮 Generate New Token，这将打开一个弹出窗口，其中有两个问题。文本框 Comment 用于输入提醒信息，需要在其中输入几个单词，说明创建该令牌的目的。我通常输入 ODBC 或 JDBC 以及要在哪个工具或系统中使用该令牌。这样，当我不再使用这个工具或系统后，知道应删除哪个令牌。

接下来是 Lifetime，它更有趣。虽然在这里可以什么都不输入，让令牌永久有效，但最好对有效期进行限制。这将强制你时不时地查看该令牌，并确定是否还需要它。默认设置为 90 天，这是不错的选择。在概览页面中，将看到令牌的到期日。

指定有效期，再单击按钮 Generate 来创建令牌。密钥将出现在一个文本框中，且为选中状态，让你能够直接复制。这是获取密钥的唯一机会，一旦你单击 Done 按钮，它就会消失，无法再次获取。当然，如果遗失了密钥，可获取新的。

无论如何，我们都需要一个密钥，因此复制这个密钥，并将其记录下来。本章后面将多次用到这个密钥，因此别遗失了。如果真的遗失了，可创建一个新密钥。创建新密钥后，对于不再需要的令牌，单击其所在行右边的小 x 将令牌删除，从而关闭不必要的开关。

9.2.2 准备集群

最后，不管你打算使用哪种客户端，都需要搭建一个集群，以处理到来的请求。对这个集群没有任何特殊要求，只需像前面那样创建一个集群。我个人喜欢创建一个专门用于处理 ODBC/JDBC 请求的集群，但并非必须这样做。

集群运行后，展开集群页面底部的 Advanced Options，这将显示其他几个选项，包含一行链接，其中一个链接是 JDBC/ODBC。单击这个链接，将显示建立连接所需的基本信息。

在建立 JDBC/ODBC 连接方面，Databricks 的一个缺点是，要求集群必须处于活动状态。你试图通过 ODBC/JDBC 访问数据时，如果集群处于关闭状态，它将启动。然而，在大多数情况下，客户端工具都将在启动过程结束前放弃访问。

需要指出的是，调用集群时将启动它。因此，如果连接时集群处于关闭状态，虽然客户端可能出现连接错误，但 Databricks 将启动集群。因此，别忘了将集群关闭，以免带来不必要的成本。

9.2.3　创建测试表

并非必须有专门的测试表，但还是创建一个吧，以确保后面的所有示例能正确运行。打开一个新的 SQL 笔记本，以便创建一个小型表，供你在探索 ODBC 期间使用：

```
%sql
use default;
create table if not exists odbc_test (
headline string,
message string);

insert into odbc_test values ('ODBC test...', 'worked!');
select * from odbc_test;
```

这里没有花哨的内容。我们在数据库 default 中创建了一个包含两列的空表，再在其中添加了一行数据。与往常一样，我们通过验证确保这个表没问题，因为你永远不知道 Spark 会不会“戏弄”你。

至此，Databricks 端的所有准备工作都已完成，让客户端工具能够连接到它，但还需在你的本地 Windows 或 macOS 系统中让驱动程序运转起来。

9.2.4　在 Windows 系统中安装 ODBC

由于 Windows 内置了对 ODBC 的支持，因此在 Windows 系统中安装 ODBC 很容易。首先，下载驱动程序，再双击其中一个 ODBC 文件。务必选择正确的驱动程序。64 位操作系统并不意味着也要使用 64 位的驱动程序，该使用哪个版本取决于客户端软件。所幸可同时安装 64 位版和 32 位版的驱动程序。

不管选择哪个版本，都将引导你完成正常的安装过程。只需不断单击鼠标，因为不需要修改任何安装设置。单击几次鼠标并过几分钟后，Simba ODBC 便安装好了。

接下来，在你的系统中启动客户端 ODBC Administrator，单击右边的 Add 按钮，并选择 Simba Spark ODBC Driver。单击 Finish 按钮进入配置视图，它看似复杂，但实际上并非如此，只需填写几个字段，就可连接到 Databricks。

名称很重要，因为你将在客户端工具中引用它。对于如何描述由你决定，因为这不重要，但还是输入一些有帮助的内容吧。Spark Server Type 应为 SparkThriftServer（它适用于 Spark 1.1 及更高的版本）。

现在，需要进入 Databricks 用户界面的集群配置视图，因为在多个 ODBC 配置字段中需要填写来自该视图中的数据。复制信息并将其粘贴到 ODBC 配置窗口中时，让这个视图处于打开状态。

Host 是你使用的服务器主机名，Port 应为 443，将这些信息直接复制到 ODBC 配置窗口中。Database 指定默认将使用的数据库，如果没有特定的目标数据库，可保持该设置不变。

Authentication Mechanism 应为 User Name and Password，这种设置将导致多个字段不可用。在字段 User Name 中，输入“token”；你可能猜到了，Password 应设置为你在前面创建的令牌。除非你想每次都输入令牌，否则别忘了勾选复选框 Save Password。

现在只余下一件事没有完成。在 Databricks 中，复制 HTTP Path 的设置，再回到 ODBC 配置视图并单击 HTTP Options，将复制的 HTTP Path 设置粘贴到字段 HTTP Path 中。单击 OK 按钮再单击 Test 按钮，验证是否一切正常。别忘了，测试期间，集群必须处于活动状态，否则测试将失败。保存设置，这样所有的准备工作就都完成了。

9.2.5 在 macOS 系统中安装 ODBC

在 macOS 系统中，安装并配置 ODBC 不像在 Windows 系统中那么容易，原因是 macOS 系统没有提供内置支持的相关软件，因此需要手动编辑多个文本文件，所幸这不复杂。

下载驱动程序，将其解压缩并执行其中的包。安装过程没什么特别之外，需要同意许可协议，并执行其他几个步骤。不需要修改任何安装设置，因此只需不断单击鼠标。

虽然可将配置文件存储在多个地方，但最简单的选择是将其存储在默认文件夹/etc中，这样不需要修改任何环境变量，同时让其他用户能够更轻松地使用该驱动程序。但缺点是需要做系统级修改，且必须以管理员身份执行这些修改。如果要将配置文件存储在其他地方，可修改环境变量ODBCINI和ODBCSYSINI。

需要修改的第一个文件是/etc/odbcinst.ini。安装程序已经在这个文件中添加了两部分：ODBC Drivers和Simba Spark ODBC Driver。这个文件应类似于下面这样，如果文件是空的，可自行添加这些内容：

```
[ODBC Drivers]
Simba Spark ODBC Driver = Installed

[Simba Spark ODBC Driver]
Driver = /Library/simba/spark/lib/libsparkodbc_sbu.dylib
```

第一部分（ODBC Drivers）告知系统，驱动程序已安装（其名称是在下一部分指定的）。然而，并非必须使用指定的驱动程序名，如果你愿意，可简化驱动程序名称，或给驱动程序再指定一个名称：

```
[ODBC Drivers]
Simba Spark ODBC Driver = Installed
Simba = Installed
[Simba Spark ODBC Driver]
Driver = /Library/simba/spark/lib/libsparkodbc_sbu.dylib

[Simba]
Driver = /Library/simba/spark/lib/libsparkodbc_sbu.dylib
```

接下来，需要修改文件/etc/odbc.ini。在这个文件中定义连接到Databricks所需的所有参数。修改这个文件时，应打开集群详情页面中的ODBC/JDBC选项卡，其中包含很多你需要的信息：

```
[Databricks]
Driver=Simba
Server=<Server Hostname>
HOST=<Server Hostname>
PORT=443
SparkServerType=3
```

```
Schema=default
ThriftTransport=2
SSL=1
AuthMech=3
UID=token
PWD=<Your token>
HTTPPath=<HTTP Path>
```

这里的第一行是要随后引用的数据源名称（DSN），可随意指定。Driver 指向我们在 odbcinst.ini 中创建的部分的名称，虽然这里使用的是简称 Simba，但也可使用名称 Simba Spark ODBC Driver。

接下来，需要指定主机名，该设置可在选项卡 JDBC/ODBC 中找到。Schema 是要连接到的默认数据库；PWD 是在本章前面创建的令牌。只需修改上述设置，其他设置可保持不变。这些参数指定了如何建立到 Databricks 的连接。

由于设置都是在文本文件中指定的，因此不像 Windows 系统中那样有 Test 按钮可用。虽然可下载一个 ODBC 管理器，但这太烦琐，我们不这样做，而在客户端机器中编写一个小型 Python 脚本：

```
import pyodbc
con = pyodbc.connect('DSN=Databricks', autocommit=True)
cur = con.cursor()
cur.execute('select * from odbc_test')
for row in cur.fetchall():
 print(row)
```

pyodbc 库提供了我们需要的功能，因此导入它。接下来，通过引用前面在 odbc.ini 中指定的数据源名称建立了一个连接，其中的 autocommit 部分不可或缺，因为我们不能处理事务。然后创建一个游标，并使用它来执行一个查询。最后遍历结果。

如果出现错误消息“Data source name not found”，可能是因为环境变量方面的问题。下载并安装 odbcinst（这是一个小型实用程序），并运行下面的命令，看看系统去哪里查找文件 odbc.ini 和 odbcinst.ini。

```
odbcinst -j
```

前面说过，要告知 macOS 去哪里查找这些文件，可使用环境变量 ODBCINI 和 ODBCSYSINI。如果系统中安装了大量的驱动程序，它们可能指向其他地方（因此我不推荐修改它们，因为这可能导致混乱）。这些环境变量应类似于下面这样。注意，一个环境变量指向的是文件夹，而另一个指向的是文件。

```
export ODBCINI=/etc/odbc.ini
export ODBCSYSINI=/etc
```

顺便说一句，如果不想如此麻烦地去修改并使用 ini 文件，可在调用建立连接的函数时直接输入参数。如果只想连接到集群一次，这种方法可能更简单。

```
import pyodbc
con = pyodbc.connect('DRIVER=/Library/simba/spark/lib/libsparkodbc_
sbu.dylib;Host=<Server Hostname>;PORT=443;HTTPPath=<HTTP
Path>;UID=token;PWD=<Your token>;AuthMech=3;SSL=1;ThriftTransport=
2;SparkServerType=3;', autocommit=True)
cur = con.cursor()
cur.execute('select * from odbc_test')
for row in cur.fetchone():
 print(row)
```

这与我们前面做的几乎相同，但即便没有 odbc.ini 和 odbcinst.ini，也管用。唯一的不同是，调用的是 fetchone 而不是 fetchall。这里这样做只是想让你知道，不仅有 fetchall，还有 fetchone。然而，别忘了，如果要修改连接字符串，与在数百个脚本中进行修改相比，更新文件 odbc.ini 要容易得多。因此，对于需要经常执行的操作，不要使用这种方法来实现。

9.3 在外部工具中连接到 Databricks

9.3.1 Microsoft Excel（Windows）

Microsoft Excel 可能是数据分析领域最常用的工具。不管你的仪表板有多好，也不管你的机器学习实现有多巧妙，好像数据最终都要以某种方式进入 Excel。

启动 Microsoft Excel，并新建一个电子表格。在 Data（数据）选项卡中，单击按钮 From Other Sources（自其他来源），并选择 From Microsoft Query（来自 Microsoft Query）。这将在工具 Microsoft Query 中打开一个新窗口，如果它看起来有点怪，也不用担心，它类似于 20 世纪 90 年代的工具。

在窗口中央，有一个来自 ODBC 管理器的数据源列表。如果正确地完成了前面所说的设置，应该有一个 Databricks 连接。选择它并单击 OK（确定）按钮。与往常一样，确保集群正在运行。

过大约 1 分钟后，将出现一个列表，其中包含你的 default 数据库中的所有表。如果要查看另一个数据库中的对象，可单击按钮 Options，并从下拉菜单

Schema 中选择该数据库。

找到想要的表后，选择它，单击 Next 前面向右的箭头。如果不想获取所有的数据，可创建一个筛选器，再单击 Next。如果要对数据排序，告知 Query Wizard（查询向导）。然后再次单击 Next，再单击 Finish。

过一会儿后，将回到 Excel。指定要将信息传输到哪里，这样做后，Databricks 将开始向 Excel 发送数据。等待一段时间后，你的电子表格中将包含所有的信息。

与所有的外部数据源一样，可在 Excel 中刷新信息，为此可单击按钮 Refresh All（全部刷新），它位于 Data（数据）选项卡中。这将把查询再次发送给 Databricks，并更新信息。

9.3.2 Microsoft Power BI 桌面版（Windows）

Excel 是执行众多核心数据分析时所使用的传统工具，但诸如 Qlik 和 Looker 等图形工具正越来越流行，它们易于使用，让更多的人能够鼓捣数据。

在这个领域，一个较为有趣的工具是 Microsoft Power BI，尤其是在你使用的是 Azure Databricks 时。这是为什么呢？因为它提供了一种名为 DirectQuery 的特性，这种特性没有将所有数据都拉取到客户端，而让 Databricks 去完成数据处理这种重型负载，在客户端只显示结果。如果要以可视化方式（不使用代码）分析数十亿行数据，这很有帮助。

另外，Microsoft Power BI 可免费使用，至少桌面版（Desktop）是这样的。如果要使用专业版（Pro），每个月只需支付几美元（或欧元）的费用。要下载 Microsoft Power BI，可前往 Microsoft 网站搜索 Power BI。

启动 Power BI 桌面版，再单击 Get Data（获取数据）按钮。在搜索框中，输入 spark，将显示三个搜索结果。选择 Spark，再单击 Connect（连接）进入配置阶段。

先要配置的是服务器名称。不知出于什么原因，Databricks 没有提供可在这里使用的网址，因此必须自己创建。这虽然不难，但很恼人，因为只需在用户界面中再增加一个元素就能解决这个问题。网址应类似于：

```
https://<Server Hostname>:<Port>/HTTP Path
```

因此，完整的 URL 类似于：

```
https://westeurope.azuredatabricks.net:443/sql/protocolv1/
o/111111111111111/1111-111111-hosts111
```

输入这个 URL，并将协议指定为 HTTP。将 Data Connectivity mode（数据连接模式）设置为 DirectQuery。注意，如果你选择的表很小，Power BI 将建议你下载它。这个建议很好，因为在正常情况下，不希望来回传递小型查询，仅当所处理的负载很大时，才使用 DirectQuery。

用户名为“token”，而密码为前面创建的令牌。在相应的字段中输入这些信息，再单击 Connect（连接）按钮。这将打开 Navigator（导航器）窗口，其中列出了集群中所有的表。

勾选要选择的表左边的复选框，再单击 Load（加载）将表加载到 Power BI 中。不管表有多大，完成这步的速度都非常快。虽然不是闪速，但还是会快于你预期的大型表加载速度。前面说过，这是因为并没有获取实际数据，而只获取了定义。

表中各字段出现在 Power BI 中后，就可以像使用其他数据那样使用它们。建议读取一个大型表，并创建一个条形图和一个切片器（slicer）。通过使用这两个工具，你将发现，修改切片器后，将在 Databricks 执行查询，并更新条形图。这让分析师能够在需要时使用最细粒度的数据。

9.3.3 Tableau（macOS）

Tableau 是市面上最有名的可视化工具，它提供了广泛的数据分析特性，被全球各地的企业所采用。虽然有免费版，但这种版本可连接到的数据源不是很多，因此要执行这里的测试，需要使用完整版或试用版。

启动这个程序，单击菜单项 Data，并添加一个新数据源（New Data Source），这将显示一个很长的列表。可使用 JDBC 和 ODBC，还有一个直接链接。搜索 Databricks，并选择相应的链接。

使用选项卡 JDBC/ODBC 中的 Server Hostname 和 HTTP Path 设置，用户名为“token”，密码为前面创建的令牌密钥。填写好所有内容后，确保集群正在运行，再单击 Sign In（登录）。

Tableau 将处理你的请求，并返回一个空工作区。打开下拉列表 Schema，并单击小型放大镜。这个下拉列表中将包含所有的数据库，选择其中一个数据库后，将有机会选择表。执行与刚才同样的操作，列表中将包含选定数据库中的所有表。

选择一个表，并将其拖放到右上方的大型字段中，界面的右下角将显示表中的所有列。单击 Update Now（立即更新）按钮，Tableau 将显示表中的数据。然后，单击左下角的 Sheet 1，进入主工作区域。

在主工作区域的左边，显示了维度（dimension）和度量（measure）。在主工作区域的右边，可创建报表。所有数据都被导入，因此没有活动的连接。要刷新数据，可在菜单 Data 中选择正确的连接，再单击 Refresh（刷新）。

9.3.4 PyCharm（通过 Databricks Connect 进行连接）

Databricks 以笔记本的方式提供了开发环境，这是其优点之一。然而，并非在任何情形下都适合使用笔记本。例如，笔记本不太适合用于高级编程。如果要进行大量的高级编程，其他工具可能更有帮助。

所幸可将传统开发工具连接到 Databricks。一款流行的 Python 开发工具是 PyCharm，这是一款出色的编辑器，具备标准编程环境所应有的所有特性，可从 jetbrains 官网免费下载其社区版。

要在 PyCharm 中访问 Databricks，需要使用 Databricks Connect，其用法与其他库类似，导入它，使用它来访问 Spark，再运行一些代码，就像在笔记本中工作时那样。

与往常一样，需要确保集群已准备就绪，但还有一个特殊要求，那就是在客户端和 Databricks 中，Python 的主版本号和次版本号都必须相同。Databricks Runtime 6.x 中所使用的是 Python 3.7，但最好核查一下。为此，在一个 Python 笔记本中，执行如下代码：

```
import sys
print(sys.version)
```

还需在客户端使用同样的方法来查看 Python 的版本号。为此，在本地机器中启动 Python，执行前面的命令，并确认主版本号以及小数点后面的第一位数字都与前面看到的相同。

当然，也可在客户端使用 virtualenv 或 conda 创建一个使用特定 Python 版本的环境。这些工具让你能够在同一台机器上安装并运行不同的 Python 版本。我在笔记本电脑中使用 Anaconda 来实现这个目标。

要安装 Databricks Connect 库，需要卸载 PySpark，因为 Databricks 使用自己的 Databricks Connect 库。为此，在你的客户端系统中使用安装程序 pip 来卸载 PySpark。在你的客户端系统中，可能没有安装 PySpark，在这种情况下，pip 将返回一条警告消息。在命令提示符窗口或终端中，执行如下命令：

```
pip uninstall pyspark
```

下面来安装Databricks Connect库。在下面的命令中，指定的版本号应为集群使用的Databricks Runtime的版本号，而不是Python的版本号。例如，在本书编写期间，我使用的集群运行的是Databricks Runtime 6.2。

```
pip install -U databricks-connect==6.2.*
```

安装过程需要约1分钟完成。下一步是配置这个库，让它知道该连接到哪个集群。与前面一样，配置前最好确保可随时查看集群信息。

```
databricks-connect configure
```

先看到的是许可协议，你需要决定是否接受。如果不接受，就无法继续。虽然我不喜欢随便接受协议，但必须承认，我可能不会完整地阅读该协议。

接受许可协议后，接下来将要求指定主机、令牌、集群ID、组织ID和端口。这里有几项信息在前面没有介绍过，现在简单说明。不要担心犯错，因为可重做多次。

主机应为https://以及你所在的地区。查看你的Web浏览器的地址栏。在JDBC/ODBC设置中，也可找到主机设置。

令牌就是本章前面使用过的令牌，你只需复制并粘贴这个很长的随机字符串。前面说过，如果遗失了该密钥或想使用新密钥，可创建一个新密钥。

每个集群都有ID。在Advanced Options的选项卡Tags中，通过ClusterID指出了集群ID，它形如1111-123456-word123，这正是Databricks Connect要求提供的。如果你当前在Web浏览器中访问的是集群配置页面，它还包含在地址栏显示的URL中。

如果查看浏览器的地址栏，将发现域名后面有一个以o=打头的字符串，这是一串数字，如1111111111111111。这就是组织ID，仅当你使用的是Azure才需要，对于AWS则不需要。

最后是端口号，应将其设置为15001。输入所有这些信息后，将出现几行确认信息，它们指出了配置文件的存储位置，还推荐了几款工具。复制最后一个工具，并运行它：

```
databricks-connect test
```

这将确认能够连接到集群并运行作业。如果出现了很多警告消息，也不用担心。就目前而言，只需注意是否出现了消息“All tests passed”，以及最后是否显示了几条 SUCCESS 消息。

接下来该在 PyCharm 中进行测试了。启动 PyCharm，选择菜单 Run，并选择 Edit configurations。展开 Templates，选择 Python，并单击文本框 Environment variables 右边的图标，再单击加号并添加如下内容：

```
PYSPARK_PYTHON=python3
```

这将确保运行的是正确的 Python 版本，在你的环境中可能无须这样做。另外，还需确保项目解释器是你一直在使用的那个。如果你不知道如何完成这项任务，可参考下面的步骤。

选择菜单 File 并选择 Settings，展开 Project 结构并选择 Project Interpreter，再单击右边的 cog 并选择 Add。单击 System Interpreter 行，再单击 OK 按钮。这将确保项目运行在 Python 基本版之上：

```
from pyspark.sql import SparkSession
spark = SparkSession\
.builder\
.getOrCreate()

print("Starting")
df = spark.sql('select * from odbc_test')
print(df.count())
print("Finished")
```

运行上述代码，你将获悉指定表中所包含的数据行数。正如所见，有几个地方与在 Databricks 笔记本中编程时不同，其中最主要的差别是需要自己创建 Spark 会话。

这里的重点是，作业是在服务器上运行的，这意味着无须将数据传输到客户端，也不会消耗客户端有限的资源。在客户端只是显示结果。可在合适的开发工具中编写代码，同时可使用 Databricks 提供的处理能力，真是太好了。

顺便说一句，如果出现警告消息，但代码运行正常，可忽略。这些警告可能想告知你，PyCharm 安装中缺少某些东西，但这些东西对你要做的事情来说无关紧要。

如果你想从本地客户端更深入地探究 Databricks，可安装工具包 dbutils，它让你能够访问文件系统、密码以及对创建实用解决方案很有帮助的其他特性。要安装这个工具包，也可使用 pip：

```
pip install six
```

你很可能已经安装了这个工具包，因为 Databricks Connect 自带了它。为了尝试使用这个工具包，我们来查看一下文件系统。你可能还记得，可使用一些传统的Unix命令来列出文件：

```
from pyspark.sql import SparkSession
from pyspark.dbutils import DBUtils
spark = SparkSession\
.builder\
.getOrCreate()

dbutils = DBUtils(spark.sparkContext)
print(dbutils.fs.ls("dbfs:/"))
```

这将返回DBFS根目录中的内容。正如所见，这里也需要显式地创建Spark会话和上下文。这样做后，就可像在笔记本中工作时那样运行命令。

还有一点需要说明，那就是前面介绍的方法也适用于Jupyter、Eclipse、Visual Code和其他几款工具，还适用于Scala和Java。因此，这里介绍PyCharm只是为了举例说明，并非只能选择使用它，而可根据自己的偏好选择使用其他工具。

9.4 使用RStudio Server

虽然我自己不是R语言的拥趸，但我知道这是一款深受欢迎的工具，很多人都喜欢。尤其是这些人喜欢的开发工具名为RStudio。在RStudio中，可像PyCharm那样，使用Databricks Connect连接到Databricks，但更佳的选择是在集群中安装RStudio Server。下面就来介绍如何完成这项任务。

先要创建一个初始化脚本。像添加数据一样，添加这种脚本的方式也有多种，但最简单的方式是直接在Databricks中编写代码。虽然Databricks没有提供编辑器，但可间接地完成这项任务。在任意Python笔记本中输入并运行下面的代码：

```
%python
script = """#!/bin/bash

set -euxo pipefail
if [[ $DB_IS_DRIVER = "TRUE" ]]; then
  apt-get update
  apt-get install -y gdebi-core
  cd /tmp
  wget https://download2.rstudio.org/server/trusty/amd64/rstudio-
  server-1.2.5033-amd64.deb
  sudo gdebi -n rstudio-server-1.2.5033-amd64.deb
```

```
  rstudio-server restart || true
fi
"""

dbutils.fs.mkdirs("/databricks/rstudio")
dbutils.fs.put("/databricks/rstudio/rstudio-install.sh", script,
True)
```

上述代码在文件夹/databricks/rstudio 中创建文件 rstudio-install.sh。实际的脚本是位于引号内的文本，其他的代码是创建并保存这些文本的命令。

脚本在驱动器节点上安装 RStudio Server 1.2。标志 DB_IS_DRIVER 将工作节点排除在外了。在脚本末尾，重启了 RStudio Server。然而，这些代码只是创建脚本，运行代码时不会实际执行脚本。你将在集群中执行这个脚本。

创建一个专门运行 RStudio Server 的集群，并确保禁用了自动终止功能。不管出于什么原因，都不能在运行 RStudio Server 的集群中启用这项功能。

进入这个集群的详情页面，并单击 Edit 按钮。展开 Advanced Options 并单击选项卡标签 Init Scripts，可在这里添加要在集群启动时所执行的代码。输入 dbfs:/databricks/rstudio/rstudio-install.sh，并单击 Add 按钮，再进行确认并启动集群。

这样，集群启动后将执行前面的脚本，在驱动器节点上安装 RStudio Server。接下来，需要进行配置，这里假设你使用的是 RStudio 开源版。

在集群的详情页面中，单击选项卡标签 Apps。在这个选项卡中，有一个用于配置 RStudio 的按钮，单击它开始配置，再单击链接 show 以访问密码。复制密码，单击链接 Open RStudio UI 以打开 RStudio，再登录。

这样就可以了。现在可在 Databricks 中安装 SparkR 库并运行 Spark 了。你将能够访问所有底层节点，还可使用很多 R 程序员都喜欢的 Sparklyr。下面是一个简短的 R 示例，让你能够验证是否一切正常。

```
require(SparkR)
sparkR.session()
df <- sql("select * from odbc_test")
head(df)
count(df)
```

运行这些代码将创建一个 Spark 会话，将 odbc_test 表中的数据读取到 df DataFrame，并对 df 运行两个命令。这里的重点是，运行的代码都将在驱动器节点和工作节点（如果有必要）上执行。

9.5　访问外部系统

前面介绍的都是如何从外部系统连接到Databricks，现在反过来，看看如何使用Databricks来访问其他系统中的数据。

前面连接到云数据存储时，简单地说了说这个主题。这是一种常见的场景，但在很多情况下，希望直接访问关系型数据库。当前，非结构化数据大行其道，但最有用的数据依然存储在传统系统中。

大多数系统都要求使用某种版本的JDBC来访问它们。虽然有时可使用其他方法，但这种方式几乎总是可行的。因此，掌握如何使用JDBC来访问外部系统的基础知识后，就为访问新出现的系统做好了准备。

别忘了，虽然建立直接连接很容易，但这种做法并非总是有益的。从某种程度上说，将两个系统连接起来后，就很难将它们分开了（如果只涉及一个作业，要分开很容易，但如果涉及数百个作业，要分开将面临一场噩梦）。

再说一个小细节。要让这样的连接可行，你必须有权访问要从中收集数据的数据库。这可能意味着需要搭建虚拟网络和VPN，这不在本书的讨论范围之内。对于这里的示例，假设连接已处理好了这个问题。

再简单地说说库

前面说过，在Databricks中可使用库。使用JDBC从外部数据源拉取数据时，将大量地使用库，因此这里再简单地说说库是什么以及它们是如何工作的。

要扩展Databricks的特性集，最简单的方式是使用库。可从PyPI、Maven和CRAN等大型在线仓库获取功能，还可引入自定义文件，例如Jar文件、Python Egg文件和Python Whl文件都可以。

要安装新库，可在Databricks中单击左边的Workspace按钮。切换到要存储库的地方，例如，文件夹Shared中的子文件夹就是不错的选择。

不管你要存储到哪个文件夹，都先选择该文件夹，然后单击文件夹名称右边向下的箭头，再依次单击Create和Library。这是用于添加库的主工作区域。

接下来，需要选择来源。为此，可手动选择并上传文件，也可链接到某个大型在线仓库中相应的库。要了解有哪些库可用，可访问PyPI官网、Maven仓库官网和 CRAN 官网。

安装选择的库后，必须将其附接到要使用它的集群，这很重要。库被附接到集群，而不是工作区。

对于只使用一次的库，不必像前面介绍的那样做，而可采用快捷途径，但这只适用于 PyPI 库：

```
dbutils.library.installPyPI('datarobot', version='2.19.0')
dbutils.library.restartPython()
```

第一个命令安装库，让你能够在笔记本中直接使用它，这里安装的是一个让你能够使用 DataRobot 的库。第二个命令重启 Python，以清除笔记本的状态（为了让安装的库管用，经常需要这样做）。

9.6 连接到外部系统

9.6.1 连接到 Azure SQL

如果你使用的是 Azure 云解决方案，可能熟悉 Microsoft Azure SQL。这是一个基于云的现代数据库系统，与有 30 多年历史的传统产品 SQL Server 联系紧密。

虽然 Databricks 善于处理海量数据，但它并非是为了供运营系统使用而设计的。另外，它也没有提供传统关系型数据库管理系统所提供的众多特性。因此，诸如 Azure SQL 等产品可很好地补充 Databricks。

Databricks 和 Azure SQL 能够很好地协同工作。从 Databricks 连接到远程系统很容易，因为它默认安装了相关的驱动程序。不用做任何准备工作，直接开始编写代码即可，我们来试一试。当然，要让下面的示例能够正确运行，必须有一个 Azure SQL 数据库。

```
hostname = "<yourhost>.database.windows.net"
database = "<database>"
port = 1433

url = "jdbc:sqlserver://{0}:{1};database={2}".format(hostname,
port, database)
prop = {
  "user" : "<username>",
  "password" : "<password>",
  "driver" : "com.microsoft.sqlserver.jdbc.SQLServerDriver"
}
```

```
sql = "(select * from sys.tables) a"
df = spark \
.read \
.jdbc(url=url, table=sql, properties=prop)

display(df)
```

这里首先定义了 URL，它指定了主机名、端口和数据库。接下来，创建了一个字典，其中指定了凭据和驱动程序。然后，使用一个字符串定义了查询。最后，执行查询并将结果存储到一个 Databricks DataFrame 中，再显示这个 Databricks DataFrame。

9.6.2 连接到 Oracle

在大型公司中，Oracle 依然是占据统治地位的数据库产品。有鉴于此，可能需要直接或间接地从 Oracle 数据库中拉取数据。如果能够访问这种数据库，就可轻松地将其中的数据拉取到 Databricks。

连接到 Oracle 的方式有两种：一是使用 cx_oracle 库，这是 Oracle 推荐在 Python 中采用的方式，要以受限的方式读取小型表时，这种方式的效果很好；二是使用 Oracle 的 JDBC 驱动程序，这可消除额外层。下面来看看这两种方式。

先来看使用 JDBC 驱动程序的方式。为了确保这种方式表现良好，需要使用 Oracle 提供的驱动程序，这可从 Oracle 官网下载。很可能需要使用最新的 ojdbc8 或 odbc10 驱动程序，注意，这里的 8 指的并非数据库版本。将下载的文档解压缩，再找到需要的文件。

现在需要将这个文件上传到 Databricks。为此，进入你的 Databricks 工作区，打开你选择的库文件夹，再单击向下的箭头。依次选择 Create 和 Library，再将文件 ojdbc8.jar（或你要使用的其他版本对应的文件）拖放到指定区域，再单击 Create。

在接下来的视图中，选择要安装到特定集群，还是自动安装到所有集群。注意，列表中只包含当前正在运行的集群，这有点奇怪，但目前是这样。

如果想以相反的方式操作，可进入一个正在运行的集群的详情页面，并找到选项卡 Libraries。在这个选项卡中，可安装或卸载库。

无论采用哪种方式，在集群中安装这个驱动程序后，便可自由使用它。下面的查询从表 dual 中拉取数据到 df DataFrame 中。选项 url 指出了该如何访问 Oracle；选项

dbTable 用于引用表或编写 SQL 代码；选项 user 和 password 的含义不言自明。

选项 driver 用于指定驱动程序。如果愿意，你可尝试使用其他驱动程序，但这个驱动程序非常好。最后，选项 fetchsize 告知 Oracle，我们要正确地填充块，该选项的默认设置太小，将导致获取数据的速度很慢。

```
df = spark \
.read \
.format("jdbc") \
.option("url", "jdbc:oracle:thin:@//<servername>:1521/<servicename>")\
.option("dbTable", "(SELECT * FROM dual)") \
.option("user", "<username>") \
.option("password", "<password>") \
.option("driver", "oracle.jdbc.driver.OracleDriver") \
.option("fetchsize", 2000) \
.load()
```

这个示例非常简单。使用这种方法时，可从很多方面对数据加载进行优化。这种方法的最大优点是，可立即获得一个 Spark DataFrame，让你能够使用 write 命令将数据存储到 DBFS 中。

相比于使用 cx_oracle 的方式，我更喜欢这个解决方案。在后面将看到，这是一种出色的解决方案，能够高效地从 Oracle 数据库加载大量数据。

另一种从 Oracle 数据库拉取数据的方式是使用 cx_oracle 库。这个库由 Oracle 维护，提供了大量特性，要使用 Python 连接到 Oracle 数据库时，Oracle 推荐你使用它。然而，在 Databricks 中，没有预安装这个库，因此需要获取它，这很容易。安装起来要复杂些，需要执行多个步骤。

进入 Create Library 视图，并单击选项卡标签 PyPI。输入 cx-oracle 并单击 Create，Databricks 将自动拉取必要的文件，并安装它们。与安装 JDBC 驱动程序一样，需要选择将这个库安装到哪些集群中。

但这还没结束，要让 cx_oracle 能够正常运行，还需要安装 Oracle 即时客户端（instant client）。因此，需要创建一个小型初始化脚本，以帮助我们在集群启动时完成所有的工作：

```
%python
script = """#!/bin/bash

if [[ $DB_IS_DRIVER = "TRUE" ]]; then
  apt-get update
  apt-get install -y alien nano libaio1 libaio-dev
```

```
    cd /tmp
    wget https://download.oracle.com/otn_software/linux/instantclient
    /195000/
    oracle-instantclient19.5-basiclite-19.5.0.0.0-1.x86_64.rpm

    alien -i oracle-instantclient19.5-basiclite-19.5.0.0.0-1.x86_64.rpm

    echo "/usr/lib/oracle/19.5/client64/lib" > / etc/ld.so.conf.d/oracle-
    instantclient.conf
    ldconfig
fi
"""

dbutils.fs.put("/databricks/oracle/oracle.sh", script, True)
```

这个脚本使用 apt-get 命令安装 Oracle 即时客户端的所有依赖项，再下载并安装 Oracle 即时客户端。最后，执行一些配置步骤，让 Oracle 知道这个库位于什么地方。DB_IS_DRIVER 确保只在驱动器节点中安装 Oracle 即时客户端。

执行这些代码之前，确保指定的是最新版本的即时客户端。为此，可访问 Oracle 官网，这里还提供了一些安装信息。

完成所有安装工作后，便可运行简单的测试。我们来看看用户可访问多少个对象，这是一个简单的查询，可验证能否使用 cx_oracle 连接到 Oracle 数据库。

```
import cx_Oracle

tns = cx_Oracle.makedsn('<servername>', '1521', service_name='<
service name>')
con = cx_Oracle.connect(user='<username>', password='<password>',
dsn=tns)

cur = con.cursor()
cur.execute('select count(*) from user_objects')
result = cur.fetchone()
print(result)
con.close()
```

这里没有任何花哨的东西。我们导入 cx_oracle 库，并创建一个 tns，再使用这个 tns 来建立连接。打开一个游标，执行一个查询，将结果存储到一个变量中，再打印这个变量。这种方式管用，但使用 JDBC 驱动程序的方式不仅安装工作更简单，速度也更快。

9.6.3 连接到 MongoDB

我们也来尝试连接到一种 NoSQL 数据库。当前，MongoDB 是最受欢迎的文档数据库之一。不同于关系型数据库，在文档数据库中，数据是以 JSON 格式存储的，在有些应用场景中，这提供了极大的方便。

MongoDB 可安装到本地，但这里使用基于云的 MongoDB Atlas，因为它紧跟潮流。另外，访问起来也更容易，因为它就是为简化访问而设计的。

我们来看看需要做些什么。先要安装两个库——pymongo 和 dnspython，其中后者仅当连接到 MongoDB Atlas 时才需要，而 MongoDB 安装在本地时不需要。

前面说过，要安装这些库，需要进入你的工作区。这两个库都来自 PyPI，因此可在 UI 中直接安装。安装完毕后，重启集群，确保 dnspython 库得以正确地安装。

```
import pymongo
import dns

client = pymongo.MongoClient("mongodb+srv://<name>:<pass>@<your-
cluster>.azure.mongodb.net")
db = client.sample_mflix

cols = db.list_collection_names()
for col in cols:
    print(col)
```

这两个库准备就绪后，就可开始编写代码了。上面是一个小示例，它访问 MongoDB 集群，连接到一个数据库，并遍历其中的集合。正如所见，安装好库后，访问 MongoDB 数据库非常容易。

9.7 小结

本章的内容比较密集。虽然专注于实际工具通常更有趣，但在数据分析领域，集成也很重要，离开它就什么都做不了。

本章介绍了如何使用各种客户端工具连接到 Databricks。Databricks 集成被设计成能够处理来自 Excel、Tableau 和 Power BI 等程序的调用，因此我们尝试使用了这样的调用。

本章还介绍了如何在不通过内置笔记本的情况下使用 Databricks。通过安装一个简单的工具，我们从 PyCharm 连接到了 Databricks，这打开了众多新可能性的大门。

然后，本章介绍了如何从 Databricks 连接到其他工具。我们没有使用文件或 ETL 工具，而使用 JDBC 来直接访问一些常见的数据库，如 Oracle 和 MongoDB。

第 10 章 在生产环境中运行解决方案

如果你开发的解决方案很出色，且不是一次性的，可能要将其部署到生产环境中，并按预定计划运行它。这种解决方案将定期提供有价值的结果，结果可能交给另一个软件，而该软件将根据结果采取相应的措施。这是一个庞大的主题，这里只涉及一些皮毛，重点是与技术相关的 Databricks 部分。

在生产环境中，需要自动运行代码，因此本章将花点时间介绍作业，再深入探讨用于按预定计划运行笔记本的内置解决方案。

在 Databricks 中，大部分工作都是通过用户界面完成的，但在有些情况下，更佳的选择是使用命令行或应用程序编程接口。所幸它们使用起来很容易，你将在本章后面看到这一点。

本章还将深入介绍安全，以及可采取哪些措施来保护数据和密钥。使用必要的安全特性后，费用将随之上升，因此将再谈谈定价模型。

10.1 一般性建议

详细介绍如何在 Databricks 中运行作业前，我们先来说几个要点，不管使用哪种工具，这些要点都适用。总体原则是可维护性至上，虽然这个简单理念好像显而易见，但违背这种理念的情况多如牛毛。

本书的示例可能让你认为我言行不一致，我之所以没有遵循自己说的原则，是出于简洁考虑。如果按我说的原则做，将多出很多代码和篇幅，但增加的教育价值有限。因此，按我说的做，而不要遵循我在本书中的做法。

10.1.1 设想最糟的情况

不管所编写的代码多好，也不管获取的数据有多整洁，错误都不可避免。意外情况迟早会出现，出现异常时，代码将运行失败。

至少应确保所编写的代码能够处理错误。为此，可添加断言、try/except 子句和其他测试，让程序安全地退出，并向调用程序和运维团队提供可靠的信息。运维团队需要做的调查工作越少，程序就能在越短的时间内恢复正常。

另外，对获取的信息进行数据有效性和完整性检查。程序崩溃已经够糟了，但提供错误的数据结果更糟，有时甚至是毁灭性的。在高频交易领域，就有因错误结果给公司带来巨大损失的例子。

10.1.2 编写可反复运行的代码

这是对前一点的扩展。你肯定不希望出现错误时需要手动修改笔记本或运行其某些部分。如果运维人员不得不查看你编写的代码，并修改变量或空的临时表，就说明你的工作没有做好。

这与不要依赖之前的步骤不是一码事。运行代码前，务必验证所有的先决条件都满足。在代码中跟踪状态，以最大限度地减少需要反复运行的单元格数量。

就 Databricks 而言，一个小贴士是，将代码放在多个笔记本中，并依次运行这些笔记本，这将在本章后面更详细地介绍。顺便说一句，Databricks 实际上不希望一个笔记本中包含的单元格超过 100 个。因此，应尽早将代码分为多个部分。

10.1.3 对代码进行注释

你可能还没有这样做，但确实应该这样做。无论是在操作系统开发领域还是数据科学领域，所有号称以后再添加注释的开发人员，最终大多数没有添加。

实际上，等你回过头来再看代码时，心中的想法与编写这些代码时完全不同。就我而言，只需过个周末，就足以出现上述变化。我曾经对没有添加注释的旧代码翻白眼，对其逻辑混乱嗤之以鼻，最后却发现这些代码正是自己编写的。

另外别忘了，添加注释绝非意味着将显而易见的事情写下来。与其为了写而写，还不如什么都不写，因为这会增加阅读者需要解读的文本量，却没有带来任何额外的价值。比较下面两个示例：

```
# This is a loop
for x in mylist:
 some logic

# This loop iterates over train stations, runs linear regression
  on the arrival times delays
# and tries to predict future arrival times. The output is stored
  into predlist.
# Note: I also tried logistic, lasso and ridge regressions but all
  performed worse.
# Example runtime: 18 seconds per loop on the PROD_SMALL cluster.
  for x in mylist:
  some logic
```

第二个版本要好得多，因为无须查看代码就知道这个循环用于什么。最理想的情况是，即便没有任何注释，阅读者也能够明白笔记本的完整工作流。

10.1.4 编写简单易懂的代码

除添加注释外，还应保持代码尽可能简单。学会一大堆技巧后，你可能想在代码中展示一下。只要是必要的，就没问题，但展示技巧的同时，应使用注释对发生的情况进行说明。如果技巧是不必要的，应尽可能转而使用简单易懂的代码，哪怕它们要稍微逊色些。没人喜欢绞尽脑汁地去研究数千行嵌套的 SQL 代码，对于这样的代码，务必将其拆分成多个部分。

不要使用笼统的变量名和函数名。面对这样的名称时，如果不阅读大量的代码，很难搞明白它们指的是什么。因此，对于包含商店列表的变量，给它指定类似于 listOfStores 这样的名称，而不要使用简短的名称 l。

总之，让代码尽可能简单。阅读经验丰富的开发人员编写的代码很有趣，乍一看，这些代码像是初学者编写的，因为其中使用的都是最简单、表达最充分的解决方案，其实这是有原因的。

10.1.5 打印相关的信息

为了确保心中有数，应返回丰富的信息，将其显示到屏幕上或写入日志文件。出现问题时，知道到底是怎么回事会很有帮助（没出现问题时亦如此）。Databricks 自动返回了很多信息，但你应再添加一些，在单个单元格实现了大量逻辑时尤其如此。

保留日志文件。在脚本末尾包含清理代码的做法很常见，但这样做时，如果代码运行后出现了不寻常的情况，将无法查看数据是什么样的。好得多的做法是，保留临时表和输出文件，并在脚本开头对它们进行清理。

如果你觉得输出太多，可根据参数有条件地返回数据，这类似于使用多种输出模式：正常模式、警告模式以及输出所有相关内容的调试模式。

10.2 作业

在 Databricks 中，要自动执行笔记本，可使用被称为作业的特性。前面提到过作业，但没有详细介绍，现在该深入探讨它了。

大体而言，作业定义了一个模板，通过触发它可在后台运行代码。通过作业可以告知 Databricks 要运行什么及如何运行，其他工作将由 Databricks 替你处理。还可按预定计划触发作业，以定期地运行它。

我们从零开始创建一个作业，看看它是如何工作的。先单击左边的工具栏中的 Jobs 按钮，这将进入一个视图，其中列出了所有已定义的作业。在右上角，可指定只显示你的作业，也可指定显示所有的作业。

单击按钮 Create Job，这将进入一个模板页面，让你能够做出多个方面的选择。先单击 Task 右边的 Notebook 连接，选择一个可以运行的笔记本，再单击 OK 按钮。

接下来，单击集群信息行右边的 Edit 连接，这将进入一个集群创建页面，让你能够像通常那样定义集群，但有一个不同的地方，那就是 Cluster Type 部分。

虽然可选择使用常规集群来运行作业，但从成本的角度看，更佳的选择是使用一个自动化集群。这将让 Databricks 搭建一个指定规模的集群、运行作业再关闭集群，这正是我们需要的。确认使用默认选择的小型集群并返回。

现在可暂时不管调度的问题。如果没有调度方面做出的任何选择，作业将立即执行，且以后再也不会执行，这正好符合我们当前的需求。最后，还可设置高级选项，这里不做任何修改，只简要地介绍这些选项。

警报（Alerts）让你能够在作业开始和结束时发送电子邮件，如果希望在调度的作业出现误时获悉这一点，可能应该使用警报。在有大量作业运行的环境中，你可能不想使用警报，在这种情况下，通过命令行调用作业可能是更好的选择，这将在本章后面更详细地介绍。

选项Concurrency让你能够限制可同时运行的作业迭代（iteration）数。在大多数情况下，使用默认设置即可。但在有些情况下，你可能想使用不同的输入多次运行同一个作业，例如，如果有一个通用的数据加载作业，通常不希望多次运行同样的数据加载。

Timeout让你能够在指定时间后杀灭作业。这有点野蛮，因为它强行停止作业，但这是一个不错的安全措施。如果作业有错误，例如使用了无限循环，它可能没完没了地运行，在这种情况下，如果没有设置Timeout选项，将带来巨额开销。然而，设置这个选项时，也不要过于保守，因为看到脚本在没有必要的情况下被杀灭会让人痛苦。

最后，选项Retries告知Databricks作业失败时应重试多少次，以及在两次重试之间应等待多长时间。在有些情况下，问题是临时性的，因此重新运行会有所帮助。然而，这样的问题不是很常见，如果很常见，就应在脚本中采取相应的防范措施，而不应依赖选项Retries。选项Permissions将在后面介绍。

保留所有选项的默认设置，并单击标题Active runs下的链接Run Now，这将显示一些有关刚触发的作业的元数据。可以访问日志、查看开始时间并追踪状态。由于将等待集群启动，因此作业一开始的状态可能是待处理（pending）。

作业运行完毕后，这些信息将向下移到已完成作业列表中。此时仍然能访问这些信息，状态字段指出了笔记本是否正常运行完毕。

要查看运行结果，可单击作业名，输出与笔记本中显示的输出不同。开头是有关作业的元数据，如开始时间、持续时间以及是否运行成功，另外，还有有关集群的信息，这些信息在运行失败时很有帮助。

而日志的核心部分是输出。对于脚本中的每个单元格，都可看到其代码、输出（如果有的话）和运行时间。在顶部有一个下拉列表，可使用它来指定只显示结果（这个下拉列表虽然简单，但很有用）。

10.2.1 调度

立即运行作业且只运行一次可能很有用，但只有通过调度作业才能获得使用这个系统所带来的好处。要让解决方案每天、每周或每月运行一次，需要进行调度。在Databricks中这种特性被称为调度，在前面创建作业时出现过。

在幕后，Databricks调度不过是一个用户界面，它基于出色而古老的Cron。

你可能不熟悉 Cron，它是一个作业调度系统，很久前就出现在 Unix 系统中。

Cron 存在的一个问题是，它并非是为了在给定时间运行一次作业而设计的。要这样做，可使用其他方式（如 at 命令），但 Databricks 没有内置这些方式，但愿以后会添加它们。当前，要调度运行一次的作业，必须从外部操作，或者采取非常规的伎俩，例如运行脚本后将其调度计划删除。

下面来给刚创建的作业定义一个调度计划。为此，单击这个作业，再单击调度计划的 Edit 按钮，这将打开一个窗口，让你能够指定要以什么样的频率运行这个作业。

通过使用下拉列表，可指定作业应在什么时间运行。这里的用户界面不是太好，必须先修改第二个下拉列表的设置，再修改第一个下拉列表中的设置。

所幸还可查看 Cron 语法。如果你知道怎么做，直接使用 Cron 命令来设置可能更简单，但依然需要设置时区。使用 Cron 命令指定时间时，依次指定分钟、小时、一个月的第几天、月份和星期几，星号表示所有值。

要测试这项功能，将调度计划设置为每一天，时间为你阅读这里的内容时的时间加 5 分钟。别忘了正确地设置时区。将调度计划设置为每天 13:35 的 Cron 命令为 35 13 * * * ?。

现在等待时钟运转。到时间后，将在列表中看到这个作业，其状态为正在运行。如果不想每天运行这个作业，别忘了将调度计划删除。在主作业列表中，可按调度计划对作业进行排序，以查看哪些作业处于活动状态。

10.2.2 在笔记本中运行其他笔记本

虽然可将大量代码放在笔记本中，但并非在任何情况下这样做都是明智的。如果代码包含大量逻辑，将其分成多个部分可能是更好的选择，为此，可在支配笔记本中运行其他笔记本。

下面就来试一试。先创建一个 Python 笔记本，它只有一个单元格，其中包含下面的代码行。我们称这个笔记本为 Sub。正如所见，它在提示符下显示一个固定的字符串。下面在文件夹 Home 中查找这个笔记本。

```
print('Sub-notebook')
```

在文件夹 Home 中，右键单击上述笔记本对应的文件，也可单击文件名右边的小箭头，这将打开一个菜单，选择其中的 Copy File Path 选项。这将刚才创建的文件的完整路径复制到剪贴板中。

接下来，新建一个名为 Main 的 Python 笔记本，它将充当调用者。在一个新单元格中，输入下面的命令。参数 path 应为前面复制的完整路径；参数 timeout_seconds 也是必不可少的，它可最大限度地降低因挂起状态带来巨额费用的风险。执行这个命令，并看看结果。

```
dbutils.notebook.run(path = "<full path to your file>", timeout_
seconds=100)
```

输出与常规情况下不同。没有显示前述固定字符串，而显示了作业 Notebook 和一个编号。这个命令运行另一个笔记本，并像作业那样将结果放在日志视图中。

单击作业 Notebook 进入日志页面，将看到元数据以及另一个笔记本中单元格的输出。如果能够将结果发回给调用笔记本 Main 就好了，好消息是有办法这样做，那就是使用 dbutils。

再次打开笔记本 Sub，将其中的内容替换为下面的代码行。如果你愿意，可将这两行代码都放在一个单元格中，但习惯上将命令 exit 放在一个单独的单元格中。然而，从功能的角度看，这两种做法没什么不同。

```
returnvalue = 'Sub-notebook'
dbutils.notebook.exit(returnvalue)
```

如果运行这个命令，它将返回 Notebook exited: Sub-notebook。现在打开笔记本 Main，以便在其中捕获结果。为此，将这个笔记本的内容替换为下面的代码行，然后运行这个笔记本。

```
returnvalue = dbutils.notebook.run(path = '<full path to your
file>', timeout_seconds=100)
print(returnvalue)
```

这里将返回值存储到了一个变量中，再打印这个变量。现在依然显示了到日志的链接，但还有输出。注意，运行命令 exit 将退出笔记本，因此后面的单元格中的代码不会运行。

可见，使用这种方法可打造作业的逻辑链。可将结果返回给调用笔记本，进而根据结果决定接下来怎么做。例如，如果要加载数据，并确保数据被正确加载，可编写类似于下面的代码：

```
retSalesLoadNA = dbutils.notebook.run(path = 'load sales data NA',
```

```
timeout_seconds=100)
retSalesLoadEU = dbutils.notebook.run(path = 'load sales data EU',
timeout_seconds=100)
if (retSalesLoadNA == 'OK') and (retSalesLoadEU == 'OK'):
 retSalesProcess = dbutils.notebook.run(path = 'process sales data',
 timeout_seconds=100)
 if retSalesProcess == 'OK':
  retSalesValidate = dbutils.notebook.run(path = 'validate sales data',
  timeout_seconds=100)
   print(retSalesValidate)
  else:
   print('Data processing failed')
 else:
  print('Data load failed')
```

这样，仅当前面的步骤都正确完成后，才会继续往下执行。通过在笔记本中调用其他笔记本，可将逻辑分为多个易于处理的部分。

在刚才的示例中，有一点令人讨厌：两个数据加载作业很像，它们放在两个不同的笔记本中，而这两个笔记本的唯一差别是参数不同。如果能够在调用笔记本中传递这些参数，设计将好得多，这是小部件（widget）的用武之地。

10.2.3 小部件

通过使用参数，可编写提供特定功能的通用笔记本，就像常规编程语言中的函数和过程一样。在 Databricks 中，这是通过有点笨拙的小部件功能实现的。

虽然小部件笨拙，但使用起来其实并不复杂，它兼具两种不同的用途，这有点奇怪。在 Databricks 中，小部件通常在笔记本中用来选择数据，这将在第 11 章介绍。这里只介绍如何使用它在笔记本之间传递参数。

打开前面的 Main 笔记本，将其中的代码修改成下面这样。正如所见，这里只添加了一项内容——参数 arguments。通过这个参数，传递了一个字典对象，并在其中将 param1 的值设置为 1。

```
returnvalue = dbutils.notebook.run(path = '<full path to your file>',
arguments={"param1": 1}, timeout_seconds=100)
print(returnvalue)
```

现在打开并修改笔记本 Sub，使其能够处理接收到的参数。在这个示例中，使用 getArgument 获取了 param1 的值，再将其作为退出码传回给调用笔记本：

```
arg = dbutils.widgets.getArgument('param1')
dbutils.notebook.exit('You sent the value: {}'.format(arg))
```

现在运行 Main 笔记本，将收到你发送的字符串——数字 1。如果修改调用中的数字 1，将收到对应的数字。当然，并非必须使用数字，字符串也可以。

如果要发送更复杂的对象，如列表，需要耍点小把戏。在这种情况下，通常更好的选择是在笔记本中重写逻辑，但在有些情况下，这种小把戏也可行。我们来看一种有点粗糙的解决方案。在 Main 笔记本中，使用下面的代码：

```
plist = ['This','is','a','list']
returnvalue = dbutils.notebook.run(path = '<full path to your file>',
arguments={"paramlist": str(plist)}, timeout_seconds=100)
print(returnvalue)
```

注意，我们使用命令 str 对列表进行了转换，从而以字符串的方式将列表发送给笔记本 Sub。这意味着在笔记本 Sub 中，需要将这个字符串转换为列表。打开笔记本 Sub，并在其中使用下面的代码：

```
params = dbutils.widgets.get("paramlist")
wordlist = params.replace("'",'').strip('][').split(', ')
dbutils.notebook.exit('Your first word was: {}'.format(wordlist[0]))
```

我们像前面那样获取参数。这里使用的是 get，而不是 getArgument，但它们并没有什么不同。这里之所以使用 get，旨在让你知道这两种做法都可行。

接下来，我们将字符串重新分成几部分：使用 strip 删除多余的字符，并使用 split 来生成列表。在最后一行代码中，我们返回了字符串中的第一个单词。

如果你不明白字符串是如何转换为列表的，可分步运行相关的代码。为此，在另一个单元格中运行下面的代码，你将看到每一步的输出，其中最后一个命令（split）返回一个列表。

```
l = str(['this','is','a','list'])
print(l.replace("'",''))
print(l.replace("'",'').strip(']['))
print(l.replace("'",'').strip('][').split(', '))
```

顺便说一句，在命令 replace 中，如果不想混合使用不同类型的引号，可使用转义字符：不像前面的示例中那样做，而像下面这样运行命令 replace。

```
wordlist = params.replace('\'','').strip('][').split(', ')
```

至此，你应该了解了如何在笔记本之间传递信息。这虽然属于基础知识，却为开发大型解决方案提供了很大的选择空间。下面来将这些知识用于作业。

10.2.4 运行接受参数的作业

了解小部件的工作原理后，该来运行另一个作业了。这里将向作业传递一个参数。你可能猜到了，为此我们将使用小部件功能。我们来创建一个笔记本，将其命名为 Jobtest，并在其中输入下面的代码行：

```
jobparam = dbutils.widgets.get("jobparam")
dbutils.notebook.exit('You passed the line: {}'.format(jobparam))
```

现在新建一个作业，并单击链接 Select Notebook。选择笔记本 Sub，再单击 OK 按钮，将出现一个让你能够设置参数的链接。单击这个链接，将弹出一个窗口，在左边的文本框中输入 jobparam，并在右边的文本框中输入 Hello World。

输入这两个字符串后，单击 Add 按钮，再单击 OK 按钮。如果不单击 Add 按钮，将不会保存指定的参数。如果一切顺利，在主页面中，作业名下方将显示参数。准备就绪后，运行这个作业。

等集群启动后，作业将运行并返回状态。如果不想坐等页面重新加载，可在警报设置框中输入你的电子邮件地址。在集群（Clusters）页面的 Automated Clusters 部分，也会显示状态。

另外，别忘了也可先启动一个集群，并使用它来运行这些作业。这样可更快地完成测试，因为不用在每次运行作业时都等待一组新节点启动。在生产环境中，不要使用交互式集群，原因在本书前面说过了。

作业运行完毕后，可像以前一样单击其名称以显示结果，再选择筛选器 Results Only。在输出部分，将看到输出 Notebook exited: You passed the line: Hello World。

如果要返回失败信息，该如何处理呢？可发回一个异常。为此，可使用 try/except 或创建自己的失败类型。创建一个笔记本，在其中添加下面的代码，再将其作为作业运行。

```
class myRunError(Exception):
  pass

raise myRunError('Forgot to handle parameters...')
```

这个作业将返回失败结果。当然，应使用某种逻辑来封装这些代码，以便一切正常时返回正确的结果，而出现问题时则返回一个异常。不要引发笼统的异常，而应引发具体的异常，从而让人知道出了什么问题，这将让你获得额外的加分项。

除给作业添加参数外，还可以同样的方式添加依赖库，如 JDBC 驱动程序。为此，只需单击相应的链接，并选择要添加到集群中的库。注意，要添加的库必须已下载到你的工作区中。

这让你能够实现非常复杂的工作流：可调用一个笔记本，而这个笔记本又调用其他笔记本，同时在笔记本之间传递参数。这几乎提供了无限的可能性，因为可使用 Python（以及 Scala）实现所有的相关逻辑。

即便如此，在 Databricks 中也不应实现过于复杂的解决方案。在小型解决方案中，小部件功能的效果非常好，但它使用起来有点烦琐，也不适合用来实现复杂的工作流，因为很难追踪其中发生的情况。

因此，虽然在笔记本中可使用很多功能，但实现自动化时可能应该使用其他工具。要实现自动化，需要采用另一种方式来执行作业并处理结果。有鉴于此，我们来看看如何从外部调用作业。

10.3 命令行接口

通过用户界面可有效地利用 Databricks 的开发功能，但如果要做大量的管理工作，可能需要通过其他方式：使用命令行接口（CLI）或应用程序编程接口（API）。CLI 和 API 让你能够完成大量的任务，如启动集群、列出 Databricks 文件系统中的文件等。

大多数任务都可使用 CLI 或 API 来完成。对于简单的一次性任务，通常使用 CLI 来完成，但执行自动化工作流时，使用 API 通常更容易。

API 将在第 11 章更详细地介绍，这里重点介绍 CLI，它让你能够在客户端轻松地与工作区通信。

10.3.1 安装 CLI

Databricks CLI 是基于 Python 的，因此可使用命令 pip 来安装，但这样做之前，需要获得一个访问令牌。令牌在第 9 章详细介绍过，因此这里直接生成令牌。注意，在 Databricks 社区版中，你需要使用自己的登录信息。

单击右上角的用户图标，再单击 User Settings。单击 Generate New Token 按

钮，并在注释文本框中输入 For CLI。然后，生成并复制令牌。

现在可以安装 Databricks CLI 了。在命令行或终端中，执行下面的命令。注意，在你的系统中，必须安装了 Python，否则这个命令将不能正常运行。

```
pip install databricks-cli
```

这将在你的系统中安装大量依赖库，过一会儿后，Databricks CLI 便安装好了。现在该配置 Databricks CLI 了，为此可运行下面的命令：

```
databricks configure
```

它将要求你回答两个问题。先要指定你要使用哪个 Databricks 主机。其次需要提供你的令牌。这些就是你需要提供的全部信息。

配置存储在.databrickscfg 文件中。如果要保留多个配置文件，可使用环境变量 DATABRICKS_CONFIG_FILE 指向相关的配置文件。另外，还可使用 DATABRICKS_HOST 和 DATABRICKS_TOKEN，它们优先于配置文件中的配置。

为了确定安装和配置都没问题，我们来尝试列出工作区中的集群。注意，即便当前没有任何集群在运行，也可执行这些命令。

```
databricks clusters list
```

如果一切正常，将得到一个清单，其中包含工作区中的所有集群。第一列为集群 ID，第二列为集群的名称，第三列为集群的状态。当然，除获悉信息外，还可触发操作。

```
databricks clusters start --cluster-id 1111-123456-datab123
```

其中的集群 ID 是使用前一个命令获悉的，这个命令让 Databricks 启动指定的集群。现在如果再次执行 list 命令，将发现这个集群的状态发生了变化。集群启动前将经过 Pending（挂起）状态。如果不想让集群继续运行，可使用命令 delete 杀灭它：

```
databricks clusters delete --cluster-id 1111-123456-datab123
```

这个命令只是关闭集群，而不会删除配置。如果再次执行命令 list，将发现这个集群还在，只是状态为 Terminated（终止）。

10.3.2 运行 CLI 命令

可供你使用的 CLI 命令很多。要获悉有哪些命令可用，可执行命令 databricks，这个命令在较低的层级运行。要获悉有哪些与集群相关的命令可用，可执行下面的命令：

```
databricks clusters
```

在没有指定任何参数的情况下执行这个命令时，Databricks将指出可使用哪些参数。也可在这个命令末尾添加标志-h，以获悉一些有关该命令的额外信息。

你可尝试使用一系列核心特性。前面介绍了命令 clusters，它让你能够与引擎交互。

命令 fs 用于与 Databricks 文件系统交互；命令 groups 用于管理安全组，这将在本章后面介绍；命令 jobs 让你能够添加、列出和删除作业；命令 libraries 可用于在工作区中安装和卸载库。

命令 runs 用于与作业的结果交互，让你能够获悉所有作业的执行状态。命令 secrets 用于追踪密钥，本章后面将讨论它。命令 workspace 让你能够访问 Databricks 工作区中的对象。

还有命令 stacks，但本书编写期间，它还处于 beta 模式，因此目前可能已发生变化。这里不介绍它，但它可能成为很好用的工具，因此值得去追踪。

1. 创建和运行作业

下面来尝试使用一些命令，以了解它们的用途和工作原理。我们先来创建作业，为此，最简单的方式是借用既有作业的元数据，但条件是你至少已经创建了一个作业。如果没有，就先在用户界面中创建一个。

```
databricks jobs list
databricks jobs get -job-id <a job id from the result above>
```

这将显示 JSON 格式的输出，其中包含大量有关指定作业的信息。删除与设置（settings）部分无关的信息，只保留类似于下面的内容，并将其保存到文件 Main.json 中。注意，如果你要使用既有集群，可将 new_cluster 部分替换为形如 "existing_cluster_id": "0000-000000-apress123"的内容。另外，这里没有指定节点类型，因此对于驱动器节点和工作节点，Databricks 都将使用默认节点类型 Standard_DS3_v2，并使用 8 个工作节点。

```
{
    "name": "Apress Run 1",
    "new_cluster": {
      "spark_version": "5.2.x-scala2.11",
      "spark_conf": {
```

```
    "spark.databricks.delta.preview.enabled": "true"
  },
  "email_notifications": {},
  "timeout_seconds": 0,
  "notebook_task": {
    "notebook_path": "/Users/robert.ilijason/Main",
    "revision_timestamp": 0
  },
  "max_concurrent_runs": 1
}
```

对于添加新作业时自动生成的信息，我们将它们都删除了。settings 中的信息是可以修改的，因此可随意修改作业名、要运行的笔记本的名称以及其他各种设置，但务必确保修改后的信息是正确的。不要引用不存在的笔记本，否则运行下面的命令将失败。

```
databricks jobs create -json-file Main.json
```

运行这个命令，它将返回一个作业 ID。如果此时返回到 Databricks 用户界面，将发现其中列出了这个新作业。与手动创建作业相比，这种创建作业的方式容易得多。现在来运行刚创建的作业：

```
databricks jobs run-now --job-id <your job's ID>
```

这将返回运行 ID。当实例化作业时，实际所做的工作称为运行（run）。作业不过是模板，因此要追踪发生的情况，需要使用另一个命令。我们来尝试使用这个命令：

```
databricks runs get --run-id <your run's ID>
```

这个命令将返回大量有关作业运行的元数据，其中最重要的是当前状态，它让你能够知道作业运行正常结束还是失败了。在作业运行期间，也可对其进行追踪，因为有关作业运行的信息是实时更新的。

2. 访问 DBFS

下面来看看文件系统。前面讨论了如何在客户端和 DBFS 之间移动数据，这里介绍另一种完成这种任务的方式，同时介绍一些其他的内容。先来查看文件夹的内容。

```
databricks fs ls
databricks fs ls dbfs:/FileStore
```

相当不错吧？可查看 DBFS 中的所有文件，方法几乎与在 Linux 系统中查看普通文件系统一样。下面将一些数据从客户端复制到 DBFS 文件系统。要将数据从 DBFS 复制到客户端，只需按相反的顺序指定参数。

```
databricks fs mkdirs dbfs:/tmp/apress
databricks fs cp rawdata.xls dbfs:/tmp/apress/somedata.xls
databricks ls dbfs:/tmp/apress/somedata.xls
databricks fs mv dbfs:/tmp/apress/somedata.xls dbfs:/tmp/apress
/rawdata.xls
databricks fs rm -r dbfs:/tmp/apress
```

首先，在文件夹 tmp 下新建一个子文件夹；然后，将一个文件从你的计算机复制到这个新的子文件夹中；接下来，使用移动命令将这个文件重命名；最后，删除这个子文件夹，其中的参数-r 指定以递归方式删除这个子文件夹中的所有内容。

我们来说说命令 fs 的一个有趣的细节。通过查看合适的文件夹，可获悉 Hive Metadata Store 中有哪些表。下面来尝试这样做：

```
databricks fs ls dbfs:/user/hive/warehouse
```

这将列出数据库 default 以及其他所有数据库中的所有表。如果要查看特定数据库中的表，只需在命令 ls 末尾加上这个数据库的名称。虽然使用这种方式无法查看数据，但它让你能够在不启动集群的情况下获悉有哪些表。

3. 选择笔记本

一项与开发紧密相关的任务是笔记本操作。即便所有的编码工作都是在 Databricks 中完成的，也可能需要移动代码。手动移动代码并非最佳的方式。

虽然可在用户界面中导入和导出笔记本，但使用 CLI 来完成这种任务要容易得多。我们来测试一下。先列出工作区的内容，看看有哪些笔记本：

```
databricks workspace ls /Users/robert.ilijason/
```

运行这个命令（当然必须将其中的用户名替换为你的用户名），它将返回你的所有笔记本和文件。虽然可使用 export_dir 导出整个文件夹，但这里只导出单个文件。

```
databricks workspace export /Users/robert.ilijason/Main .
```

这将把 Databricks 中的笔记本 Main 复制到当前文件夹。命令末尾的句点表示当前文件夹，如果你愿意，可指定其他任何路径。复制后得到的文件名为 Main.py，可在笔记本中查看这个文件。

你可轻松地将这个文件检查导入 Git 仓库或其他版本控制工具，但这里只将它重新导入并重命名。导入与导出几乎一样容易，只是需要多指定一个参数。

```
databricks workspace import --language PYTHON ./Main.py /Users/
robert.ilijason/M2

databricks workspace ls /Users/robert.ilijason/
```

参数 language 必不可少，其可能的取值为 SCALA、PYTHON、SQL 和 R。通过使用这些命令，可轻松地在不同环境（乃至不同版本控制系统）之间复制代码。

4. 机密

你可能不打算使用 CLI 来做其他事情，但要处理机密，几乎必须使用 CLI。机密是一项内置特性，让你能够在笔记本中使用机密的密码、令牌和其他字面量，同时确保其他人无法看到它们。

机密背后的理念如下：将明文密码存储在带标签的保险箱中，需要使用密码时，通过引用标签请求保险箱替你将密码插入。这样，虽然标签清晰可见，但没人知道实际的密码是什么。

所有机密都必须存储在组或范围（scope）中。在每个工作区中，最多可使用 100 个组，而每个组可包含大量的机密，这足以让你应对各种局面。下面来创建一个范围和一个机密，看看它们是如何工作的：

```
databricks secrets create-scope --scope apress
databricks secrets write --scope apress --key mykey --string-value
setecastronomy
```

第一个命令创建一个名为 apress 的范围，供你用来存储密钥。接下来，创建了实际的密钥。我们向 Databricks 指出了用来存储密钥的范围、密钥的名称或标签以及实际的密钥值。如果要存储的是二进制文件，可使用-binary-file /path/to/file（而不是-string-value）来指定它。

尝试使用这个密钥前，我们先来确定它存在。除非使用密钥时收到错误消息，否则无须确定密钥存在，但知道如何确定密钥是否存在很有用。有鉴于此，我们来查看有哪些范围，以及范围中有哪些密钥，以下这些命令的作用都是不言自明的。

```
databricks secrets list-scopes
databricks secrets list --scope apress
```

确定密钥确实存在后，便可尝试使用它了。这里不使用它来完成实际工作，而只看看相关的命令。然而，通过CLI无法获取结果，因此必须打开一个Python笔记本。

```
dbutils.secrets.get('apress','mykey')
```

Databricks禁止你查看机密的密码，返回的信息是篡改过的。你永远都无法获悉机密的密码。要使用这个密码，可在执行命令时，通过一个参数来引用密码。下面的示例演示了如何使用SAS密钥连接到Azure Blog Storage。

```
url = "wasbs://mycontainer@mystorageaccount.blob.core.windows.net/"
configs = "fs.azure.sas.mycontainer.mystorageaccount.blob.core.
windows.net"
dbutils.fs.mount(
 source = url,
mount_point = '/mnt/apress',
 extra_configs = {configs: dbutils.secrets.get('apress', 'mysaskey')})
```

开头两行指定了连接到Azure Blob Storage时需要提供的信息。接下来，执行了一个命令，以连接到Azure Blob Storage。这里的重点是使用了一个共享访问签名。这是一个密钥，我可不想它落到坏人手里，因为我创建了一个机密，并在这里使用它。这样就没有能够复制密钥了。

在大多数情况下，都通过CLI来操作密钥，但也可使用相关的内置包来列出密钥。下面像前面一样列出范围和机密，但不使用CLI，而在Databricks中这样做。

```
dbutils.secrets.listScopes()
dbutils.secrets.list('apress')
```

在任何情况下，留下闲置的密钥都不是好主意。对于不再需要的密钥，应将其删除。这种任务也可使用 CLI 来完成。下面来做些清理工作，将刚才创建的密钥删除。

```
databricks secrets delete --scope apress --key mykey
databricks secrets delete-scope --scope apress
```

有关机密需要指出的一点是，云提供商和其他第三方供应商提供了可替代机密的解决方案，这些解决方案的适用范围更广。如果你在很多其他的工具中都使用机密特性，应考虑使用这些替代解决方案；如果你只在Databricks中需要使用机密特性，也可使用刚才介绍的内置机密特性。

5. 机密访问权限

如果要控制谁可访问机密，可使用访问控制列表（ACL）。要这样做，你必须有权限访问 Databricks 以选项方式提供的安全特性。

可设置三种访问权限等级：MANAGE、WRITE 和 READ。对于特定的用户，如果不希望他有任何机密访问权限，可将其从 ACL 中删除，这意味着他根本无法接触到机密。

下面来创建一个简单的 ACL，让你知道 ACL 是什么样的。这里假设系统中有一个名为 test.user 的用户。你可创建该用户，或者修改这个示例中的用户名，具体怎么做无关紧要。

```
databricks secrets create-scope --scope acl_scope
databricks secrets put-acl --scope acl_scope --principal test.user
--permission MANAGE
databricks secrets list-acls --scope acl_scope
```

这里像前面一样创建了一个范围。然后添加了一条规则，让 test.user 拥有对该范围的完全访问权限。最后一个命令列出 ACL，让你知道第二个命令是否管用。下面将这个用户从 ACL 中删除，看看结果有何不同。

```
databricks secrets delete-acl --scope acl_scope -principal test.user

databricks secrets list-acls --scope acl_scope
```

这里没有创建机密。要在带 ACL 的范围中创建机密，方法与在不带 ACL 的范围中创建机密相同。执行其他操作时，需要使用的命令也没变，因此，是否给范围指定了 ACL，对于执行操作需要使用的命令没有影响。

10.4 再谈费用

前面讨论过 Databricks 的使用费用，还有 AWS 和 Azure 采用的各种定价模型。这里再说说这个主题，因为当运行作业时，这一点很重要。

你可能还记得，有几个不同等级的工作负载类型和 SKU：Data Engineering Light、Data Engineering 和 Data Analytics。根据运行笔记本和其他代码的方式，将对作业做不同的标记。

你可能会问，它们有什么差别吗？本书编写期间，最便宜的选项是提供标准特性的 Data Engineering Light，最贵的选项是功能齐备的 Data Analytics，前者比后者便宜 8 倍。这种效应经过不断累积，很快就会非常可观，因此除非万不得已，千万不要以交互方式运行作业。

为了降低费用，在自动化集群中以作业的方式运行代码，就这么简单。编写好代码后，创建一个作业并运行它。不要使用预先创建好的交互式集群。

要以较低的代价运行代码，应只使用库来运行作业，而不使用笔记本。这样的选项为 Data Engineering Light，所使用的负载类型是最便宜的。如果随后在没有安全特性的标准工作区中运行这些代码，将以价格低廉的受管方式使用纯 Spark。

然而，如果只运行非常基本的代码，可能根本就不需要 Databricks。因此，实际运行的代码很可能属于选项 Data Engineering 或 Data Analytics，但这两个选项的价格也有天壤之别。

这里说说标准选项。很容易不假思索地选择高级版（premium version），因为它会带来很多好处，有些人甚至认为这是绝对必要的。还是再想想吧，或许通过采取巧妙的工作区策略，可找到避免安全问题的办法。即便不能完全如愿，也至少能够降低某些部分的使用费用。

10.5 用户、组和安全选项

使用顶配的 Databricks 时，可以非常细致的方式处理用户、组和安全。在大多数企业环境中，都可能需要这些特性，除非管理员非常聪明且数据不是敏感的。

如果没有较高级的功能，将无法做任何细致的管理，所有用户都对所有东西有完全的访问权限。这有点极端，显然 Databricks 希望你购买所有昂贵的选项。

10.5.1 用户和组

Databricks 的核心架构是基于用户和组的。如果你是管理员，就能够管理用户和组，为此可单击左上角的人像图标，再单击链接 Admin Console。

在第一个选项卡中，列出了所有可访问当前环境的用户，但当前很可能只有你自己。在用户名的右边，指出了用户是否有管理权限以及能否创建集群。在非高端版 Databricks 中，所有用户都有这两项权限。在最右边，还有一个 x，可用于删除当前用户。

虽然可分别管理每位用户，但将用户分组通常是个不错的主意。例如，你可能想创建两个用户组，一组为管理员，另一组为开发人员或数据科学家。这样用户管理工作将容易得多。

我们先来创建几位用户。为此，可单击 Add User 按钮，将出现一个文本框，供你输入新用户的电子邮件地址。根据你使用的 Databricks 版本，对可使用的电子邮件地址可能有一定限制，但就测试而言，可以不理会这些限制，虽然这可能导致新用户无法登录。

现在创建一个组，并将你的用户加入其中。为此，可进入 Groups 页面，并单击 Create Group 按钮。将组命名为 Apress，并单击 Create 按钮。这将带你进入另一个页面，让你能够添加用户并指定其权限。

单击按钮 Add users or groups 将新用户加入组成员列表。注意，可在组中嵌套其他组。将用户加入组后，单击链接 Entitlements，看看可赋予用户哪些权限。如果愿意，可启用 Allow cluster creation。

准备好组和用户后，该来看看如何使用它们了。为此，必须启用选项卡 Access Control 中列出的特性，因此下面来看看这里列出了哪些特性。

使用 SCIM 预配

注意，如果已在云端配置了预配（provisioning）解决方案，可能想直接使用该解决方案，而不配置权限。Databricks 可使用跨域身份管理系统（system for cross-domain identity management，SCIM）、Azure Active Directory 解决方案、Okta 和 OneLogin。

这些解决方案的核心理念是，在别的地方管理访问权限。我强烈推荐使用这些解决方案，因为这可降低离职用户仍留在系统中的风险。另外，如果你有外部资源，可在一个地方管理权限。

实现这样的解决方案非常难，也不在本书的讨论范围之内，因为大部分工作都是在外部工具中完成的。要获悉这方面的分步指南，可在 Databricks 官方文档中搜索 SCIM。

10.5.2 访问控制

在选项卡 Access Control 中，有 4 个选项。如果使用的是 Databricks 完整版，默认启用了所有这些选项。除非有充分的理由，否则应保留这些设置不变。如果使用的不是顶级版，这里的选项可能少些。

前面说过，如果不需要这个选项卡中列出的任何特性，应考虑转而使用更便宜的工作区类型。没有理由为不打算使用的东西支付（大量）费用。

然而，这些特性很好，在很多情况下也是需要的，而使用基本工作区存在一些必须考虑的安全问题。下面简要地介绍这些特性，因为它们几乎是不言自明的。

1. 工作区访问控制

Databricks 是一个协作环境，让开发人员能够轻松地共享代码。然而，很多人都希望有自己的个人文件，这些文件是不与他人共享的。为了支持私有文件，需要启用 Workspace Access Control（工作区访问控制）。这个特性默认被启用。

工作区中存储在个人文件夹中的文件是私有的，而存储在文件夹 Shared 中的文件是所有人都可访问的。用户可设置他人对其私有文件的访问权限，默认为不能访问，可设置为 Read、Run、Edit 或 Manage。为此，可找到相关的文件，右键单击它并选择 Permissions，再根据需要添加或删除访问权限。

在我个人看来，应尽可能共享文件，这让你能够以好得多的方式与他人协作。开发人员倾向于将其编写的代码隐藏起来，等到觉得代码完美无缺时再公开，这可能要到项目开发周期的后期，此时再修复错误可能会付出巨大的代价，而要是两个月前去修复就会很容易。因此，尽可能不要隐藏代码。

2. 集群、池和作业访问控制

这项特性可帮助你限制对集群、池和作业信息的访问。大致而言，它让你能够给资源加锁，并赋予用户和组使用它们的权限。

如果要指定谁可访问集群，可打开其详情页面，并单击 Advanced Options。在打开的视图中，最后一个选项卡为 Permissions，你可在其中指定谁有权附接（Attach）、重启（Restart）和管理（Manage）集群。

对于作业，可进入其详情页面，再展开 Advanced Options。在显示的列表中，末尾为选项 Permissions。单击 Edit 链接，这将打开一个你现在很熟悉的对话框，在其中选择谁可查看它及管理运行（run）。

注意，如果允许所有人都可以随意创建和运行集群，必须制定良好的审批流程。搭建大型集群很容易，但到月底支付账单时就不那么容易了。因此，要让人们管理集群，必须确保他们知道边界在哪里。

3. 表访问控制

需要禁止某些用户访问系统的某些部分时，用得最多的可能是表访问控制特性。它让你能够指定用户和组对特定表（进而间接地指定对特定列）的访问权限。

然而，使用这个特性存在一定缺陷。其一，集群的类型必须是 High Concurrency。其二，要启用这个特性，必须选择 Advanced Options 中的一个复选框，但这样做后，就不能在集群中运行 Scala 或 R 代码。在本书编写期间，勾选该复选框后，可执行 Python 代码，但对 Python 的支持处于 beta 阶段，而且很久前就如此。但愿你阅读本书时，情况会有所改善。

因此，要确保对这个特性的支持正确、可靠且经过检验，必须只允许使用 SQL。要做出这样的限定，可在文本框 Spark Config 中输入如下代码行，这个文本框位于 Advanced Options 的选项卡 Spark 中。

```
spark.databricks.acl.sqlOnly true
```

通过限定只使用 SQL 或者只使用 SQL 和 Python，可设置用户和组对表的访问权限。可使用命令 GRANT 将访问权限设置为 SELECT、CREATE、MODIFY、READ_ METADATA、CREATED_NAMED_FUNCTION 或 ALL_PRIVILEGES：

```
GRANT SELECT ON DATABASE apress TO 'robert.ilijason';
GRANT SELECT ON apress.mytab TO 'robert.ilijason';
GRANT ALL PRIVILEGES ON apress.myview TO 'robert.ilijason';
REVOKE SELECT ON apress.myview FROM 'robert.ilijason';
REVOKE ALL PRIVILEGES ON apress.myview FROM 'robert.ilijason';
```

这些命令都是不言自明的，其中 GRANT 赋予用户权限，而 REVOKE 撤销用户权限。可在较高的层级（如整个数据库）或较低的层级（如表）设置权限。上面所有示例设置的都是用户权限，设置组权限的方法相同。

如果想限制对表中某几列的访问权限，可根据表创建一个视图，并在视图中不包含你不想暴露的列。我们通过一个小实验来看看其中的工作原理：

```
CREATE TABLE X (notsecret integer, secret integer);
CREATE VIEW X_view AS SELECT notsecret FROM X;
GRANT SELECT ON X_view TO 'untrusted.employee';
```

然后，作为不受信任的用户，你可尝试从上述表和视图中选择数据。你有权访问这个视图，但无权访问底层的表。这个特性虽然不错，但使用起来比较麻烦，在表的结构会频繁变化时尤其如此。

```
SELECT * FROM X;
SELECT * FROM X_view;
```

这里有必要说说另一个窍门，它可能让你的工作更轻松。通过使用命令DENY，可显式地禁止用户访问特定对象（如表）。当你要让用户访问数据库中的所有表，但有一个表除外时，这个命令很有用。

```
DENY SELECT ON X to 'semi-trusted.employee';
```

与现代关系型数据库管理系统相比，在表访问控制方面，Databricks做得要逊色一些。然而，可以不同的方式处理这个问题，并且有很大的选择空间。可使用不同的工作区和外部解决方案，例如，在Azure上，可启用解决方案“凭据传递到数据湖存储”（credential pass-through to the data lake storage）。

4. 个人访问令牌

在本章前面，我们尝试使用了CLI。在第9章，我们使用外部工具连接到了Databricks。在这两种情况下，我们都使用令牌来进行身份验证。这种从外部访问Databricks的方式很简单。

然而，这也可能成为安全薄弱点，因为只需要一个密钥，就能访问系统的大部分功能。在有些情况下，可能想禁止使用密钥访问系统，此时可将Personal Access Token（个人访问令牌）设置为Disabled。

这项设置默认为Enabled，虽然在有些情况下将其设置为Disabled是合适的，但也将导致Databricks很难使用：不仅CLI不再管用，API以及其他所有使用令牌的外部调用也不再管用。

10.5.3 其他特性

Databricks还有很多其他的特性，其中包括清除存储、删除集群日志以及启用容器服务。工作区存储中的内容无须做太多解释。

选项卡Advanced包含一些选项，除非有非常充分的理由修改，否则应保持这些选项的设置不变，它们可帮助你确保环境的安全，修改前务必三思。

对于选项卡 Advanced，还有一点需要说明。启用选项 X-Frame-Options

Header 可阻止第三方域将 Databricks 放在 Iframe 中，这个选项默认被启用，通常应保持该设置不变。

你可能想将 Databricks 放在公司网站的一个 Iframe 中，如果是这种情况，就需要禁用这个选项。我认为这样做不是好主意，但如果有这样的需求，你知道该如何做。

10.6 小结

本章深入介绍了管理 Databricks 所需的特性。在此之前，我们列举了在生产环境中运行代码时需要牢记的事情。

然后，花了相当长的篇幅介绍与作业相关的内容，包括如何在后台自动运行笔记本、如何传递参数以及如何按预定计划运行作业。

接下来，深入介绍了神奇的命令行接口：如何通过客户端的终端在 Databricks 执行各种命令。这让你能够使用外部工具来执行诸如运行作业等任务。

最后，本章介绍了 Databricks 向付费客户提供的用户、组和安全特性，其中包括如何限定对集群、表等对象的访问权限，以及如何禁止使用令牌进行身份验证。

第 11 章
杂项

前面介绍了很多基础知识，但还有很多内容未涉及。本章将探讨一些有必要介绍的内容，让你知道还有哪些特性可用。

首先说说机器学习。这是一个时髦的话题，你可能认为 Apache Spark 非常适合用于机器学习。我们将简要地介绍 MLlib 库，它非常适合用来在 Databricks 中运行机器学习负载。

接下来，介绍 Databricks 支持的特性 MLflow，它让你能够更轻松地追踪机器学习试验。虽然 MLflow 是开源的，却能很好地与 Databricks 集成。

然后，我们将通过一个示例，演示如何在不使用 Delta Lake 的情况下更新 Parquet 文件。这没有想象的那么简单，但如果知道核心流，就是小菜一碟。

接下来，介绍 Databricks 支持的另一个库——Koalas，它让你能够像使用流行库 Pandas 那样运行命令，是众多单线程 Python 开发人员梦寐以求的通往 Apache Spark 的桥梁。

然后，将介绍我们在表示层能做些什么。虽然在数据表示方面，有其他工具更为擅长，但 Databricks 提供了一些基本的数据表示功能，让你能够向用户呈现仪表板。

还将介绍如何使用 API 来使用大量的 Databricks 特性，包括如何在不进入 Databricks 图形用户界面的情况下启动集群、运行作业等。

最后，将介绍另一种处理数据流的方式，即不运行批量作业，而使用流处理技术，让 Databricks 在信息到来时就对其进行处理。

本章内容很多，我们开始吧。

11.1 MLlib

机器学习是 Apache Spark 的一个常见应用场景。通过运行算法对大型数据集进行分析时，将给处理系统带来沉重的负载，因此通常需要将负载分散到很多台机器中。

前面说过，有一个专门为 Apache Spark 设计的库提供了大量的机器学习函数，该库名为 Machine Learning library（MLlib）。这个库也是由负责支持 Apache Spark 的社区维护的。

虽然 MLlib 提供的算法数量不能与 R 相媲美，单机性能不如 scikit-learn，但在对大型数据执行常见算法方面，MLlib 的表现非常出色。

MLlib 提供了最常见的机器学习功能，让你能够运行回归、分类、推荐、聚类等算法。我们来看一个简单的示例：频繁模式增长（frequent pattern growth，FP-Growth）。

11.2 频繁模式增长

在电子商务和零售领域，一种常见的分析是，根据顾客以往购买的商品，帮助他们找到自己可能喜欢的商品。为此，需要分析所有的交易。

进行这种分析的方式有多种，其中常用的一种是购物车分析，它使用关联规则确定商品组合在交易中出现的频率。通过查看结果，将发现原本并非总是显而易见的有趣关联。

执行这种分析的算法有很多，如 Eclat 和 Apriori，而 MLlib 提供的是 FP-Growth。这个实现的执行速度很快，特别适合 Apache Spark。正如你将看到的，它还易于使用。

要让它管用，需要以特定的方式准备数据：一列为交易 id，另一列为商品清单。如果数据存储在普通数据库表中，准备起来会有点烦琐，这里的示例将介绍如何完成这项任务。

运行这个算法时，还需要提供两个输入参数——支持度和置信度。这两个参数让你能够限定输出，在数据集很大的情况下，如果不限定它们，将返回大量的结果。下面来说说支持度和置信度是什么意思。

支持度是这样计算得到的：将包含特定商品组合的交易次数除以总交易次数。商品组合可以是单件商品，也可以是多件商品。如果总共有 10 次交易，而商品 A 和商品 B 同时出现在其中的 5 次交易中，那么支持度为 5/10 = 0.5。

AB, **ABC**, **ABD**, BD, BCD, **ABD**, AD, ACD, **AB**, AC

置信度表示两件商品之间关联的紧密程度，它是这样计算得到的：商品 A 和商品 B 同时出现的交易次数除以商品 A 出现的交易次数。

AB, **ABC**, **ABD**, BD, BCD, **ABD**, **AD**, **ACD**, **AB**, **AC**

在这个示例中，商品组合 AB 出现了 5 次，而商品 A 出现了 8 次，因此置信度为 5/8 = 0.625。置信度越高，商品 A 和商品 B 同时出现的可能性越大。

置信度很重要。我们以购物袋为例，由于大多数顾客都会购买它，因此对于它与任何商品的组合，支持度都较高，而置信度都较低（因为几乎每次交易都包含购物袋）。

11.2.1 创建一些数据

要运行测试，需要一些数据。为了方便追踪发生的情况，我们使用一些简单的数据：一个商品表和一个购物车表。编写这些内容时，我正好口渴，因此选择的商品都是软饮料。

```
create table products
       (product_id integer, product_name string);
insert into products values (1, 'Coca Cola');
insert into products values (2, 'Pepsi Cola');
insert into products values (3, 'RedBull');
insert into products values (4, 'Evian');

create table cart (cart_id integer, product_id integer);
insert into cart values (1, 1);
insert into cart values (1, 2);
insert into cart values (1, 3);
insert into cart values (2, 1);
insert into cart values (3, 2);
insert into cart values (3, 3);
insert into cart values (3, 4);
insert into cart values (4, 2);
insert into cart values (4, 3);
insert into cart values (5, 1);
insert into cart values (5, 3);
```

```
insert into cart values (6, 1);
insert into cart values (6, 3);
insert into cart values (7, 2);
insert into cart values (8, 4);
insert into cart values (9, 1);
insert into cart values (9, 3);
insert into cart values (10, 1);
insert into cart values (10, 3);
insert into cart values (10, 4);
```

第一个表(products)包含一家虚构的商店销售的4种软饮料;第二个表(cart)包含所有的交易。下一步将联合这两个表，为使用FP-Growth准备好数据。

如果要使用Python来完成这项任务,且不想创建表,可直接创建DataFrame。下面的示例演示了如何使用命令parallelize来完成这项任务，但只包含前两行。

```
from pyspark.sql import Row
rdd = sc.parallelize([
Row(cart_id=1,products=['RedBull','Coca Cola','Pepsi Cola']),
Row(cart_id=2,products=['Coca Cola'])])
df = rdd.toDF()
display(df)
```

11.2.2 准备好数据

前面说过，FP-Growth算法要求数据为特定格式：一列为交易id，另一列为购买的所有商品。我们来创建一个返回所需数据的DataFrame。

```
carts = spark.sql('select p.product_name, c.cart_id from products
p join cart c on (c.product_id = p.product_id)')
display(carts)
from pyspark.sql.functions import collect_set
preppedcarts = carts
        .groupBy('cart_id')
        .agg(collect_set('product_name').alias('products'))
display(preppedcarts)
```

前半部分没有什么新内容，只是将表cart和products连接起来。这将返回一个长长的清单，其中列出了被购买的每件商品及其出现在哪个购物车中，但这并不是FP-Growth算法所需的数据。

接下来，我们使用函数collect_set提取product_name列中所有的数据，并根据cart_id将它们放在多个列表中。这将以我们所需的格式返回数据。顺便说一句，还有一个类似的collect_list函数，但函数collect_set会去重。

11.2.3　运行算法

该运行算法了。你将看到，这并不难，只需编写几行代码。实际上，大多数机器学习任务都如此。通常，运行机器学习部分的代码比前面整理数据的代码短得多。

```
from pyspark.ml.fpm import FPGrowth

fpGrowth = FPGrowth(itemsCol="products"
        ,minSupport=0.5
        ,minConfidence=0.5)

model = fpGrowth.fit(preppedcarts)
```

先导入函数 FPGrowth，再调用它。我们告知这个函数，哪列包含商品，同时设置了支持度和置信度。至此，设置工作就完成了，但还需运行函数。

我们使用命令 fit 来执行这个函数，这个命令查看实际数据并开始计数。在这个示例中，这种操作只需几秒就能完成。如果有数十亿行数据，这种操作将需要一段时间，在你设置的支持度和置信度较高时尤其如此。

11.2.4　分析结果

运行完算法后，该查看结果了。我们想知道可从这个数据集得到哪些信息。需要查看的内容主要有 3 项：频次表、关联规则和一些预测。

频次表包含满足条件的商品和商品组合出现的频次。由于总共有 10 次交易，而指定的支持度为 0.5，因此频次表中将包含至少出现了 5 次的所有商品和商品组合。

```
display(model.freqItemsets)
```

返回的唯一商品组合是 Coca Cola 和 Red Bull，这种组合出现在 5 次交易中。因此，看起来好像购买了其中一件商品的顾客对另一件商品也感兴趣。另外，这两种商品都很受欢迎。

关联规则指出了商品组合的置信度和提升度。它从两个不同的角度显示结果。在分析中，前件是基础商品，而后件是基础商品后面的商品。

```
display(model.associationRules)
```

正如所见，顾客购买 Red Bull 后会继续购买 Coca Cola 的可能性，比购买 Coca

Cola 后会继续购买 Red Bull 的可能性大。但在这里的示例中，这种差别很小。

接下来说说提升度。提升度指出购买了商品 A 时，再购买商品 B 的可能性有多大（计算提升度时考虑了购买商品 A 的频次）。提升度大于 1 表明有可能购买，小于 1 表明不太可能购买。

提升度是这样计算得到的：将商品组合的支持度除以前件支持度和后件支持度的乘积。这听起来很复杂，但实际上并非如此。

我们来计算一下。Coca Cola 的支持度为 0.6（6/10），Red Bull 的支持度为 0.7（7/10），因此乘积为 0.6 × 0.7 = 0.42。商品组合 Red Bull 和 Coca Cola 的支持度为 0.5，因此提升度为 0.5/0.42 ≈ 1.19。

最后，是一个包含所有交易和相关预测的列表。基本上，它使用发现的关联，并给出对缺失商品做出的预测。因此，对于包含 Red Bull 但缺失含糖软饮料的行，将给出 Coca Cola 的预测，反之亦然。

```
display(model.transform(preppedcarts))
```

注意，很难确定发现的结果是否正确。很容易妄下论断，进而做出错误的假设。与往常一样，根据结果做出论断前，尝试去验证结果是否正确。

11.3 MLflow

使用机器学习算法时，对所做的事情进行追踪很重要。如果手动进行追踪，不仅难度大，还容易出错。理想情况下，应尽可能随代码一起存储所有的输入参数和结果，供以后参考。

实现这种追踪的解决方案有很多，其中一个是由 Databricks 开发并以开源方式发布的。这个解决方案就是 MLflow，正如所预期的，它被深度整合到 Databricks 工具套件中。

MLflow 可用于项目追踪和打包，它还提供了一种通用的模型格式。这里只介绍项目追踪，让你对如何在机器学习试验中使用 MLflow 有直观的认识。

我们来看看如何在常规工作流中使用追踪特性。我们将选择一个现成的数据集、运行回归算法并随机地设置参数。每次的运行情况都将存储到 MLflow 数据库中。最后，我们将使用内置的图形用户界面来快速查看所有的结果。

11.3.1 运行代码

先要导入几个库。显然，需要 MLflow。除此之外，还将使用流行的机器学习库 scikit-learn。这个工具深受欢迎，很多数据科学家都使用它。

scikit-learn 还提供了几个准备好的数据集供用户鼓捣，这些数据集针对机器学习测试进行了优化。我们将使用房屋数据来看看能否根据所有特征预测房价。虽然这不是正确的做法，但这里的重点是与 MLflow 相关的部分。

```
dbutils.library.installPyPI('mlflow')
dbutils.library.installPyPI('scikit-learn')
dbutils.library.restartPython()
```

导入需要的库后，该导入数据了。我们将从 scikit-learn 获取数据，将其转换为 Pandas 数据框架，再将该数据框架拆分为两个 Apache Spark DataFrame，分别用于训练和测试，其中用于测试的 DataFrame 包含大约 20%的数据。

注意，在实际应用场景中，应随机地提取行，同时还可能需要添加一个验证集。对于像这里这样的小型数据集，你可能想使用交叉验证，以最大限度地降低过拟合风险。

```
import pandas as pd
import sklearn
from sklearn.datasets import load_boston

basedata = load_boston()
pddf = pd.DataFrame(basedata.data
        ,columns=basedata.feature_names)
pddf['target'] = pd.Series(basedata.target)

pct20 = int(pddf.shape[0]*.2)

testdata = spark.createDataFrame(pddf[:pct20])
traindata = spark.createDataFrame(pddf[pct20:])
```

最终得到了两个 DataFrame——testdata 和 traindata。下面来使用这两个 DataFrame，为此，先要创建一个供 MLlib 回归算法使用的结构。我们使用函数 VectorAssembler 来完成这项任务。

```
from pyspark.ml.feature import VectorAssembler

va = VectorAssembler(inputCols = basedata.feature_names
        ,outputCol = 'features')
testdata = va.transform(testdata)['features','target']
```

```
traindata = va.transform(traindata)['features','target']
```

VectorAssembler 接受参数 inputCols 指定的列（这里是除 target 外的所有列），并将它们转换为一个列表。因此，如果你现在查看这些 DataFrame，将发现它们只包含两列——features 和 target，其中第一列包含由我们要使用的所有维度组成的列表，而第二列为房价。

所有的特征都合并了，而要预测的是一个数值，这正是回归算法的用武之地。但在实际工作中，可能应该将一些列修剪掉。下面来运行代码，看看预测的房价有多准确。

为了给 MLflow 提供一些数据，我们将使用简单的循环运行三次回归算法。我们还将修改超参数 maxItem 和 regParam，看看它们是否会影响这种算法的表现。为了尽可能简化循环逻辑，我们将同步地增大这两个参数。在实际的应用场景中，不会像这里这样做。

```
from pyspark.ml.regression import LinearRegression
import mlflow

for i in range(1,4):
  with mlflow.start_run():
    mi = 10 * i
    rp = 0.1 * i
    enp = 0.5

    mlflow.log_param('maxIter',mi)
    mlflow.log_param('regParam',rp)
    mlflow.log_param('elasticNetParam',enp)

    lr = LinearRegression(maxIter=mi
        ,regParam=rp
        ,elasticNetParam=enp
        ,labelCol="target")

    model = lr.fit(traindata)
    pred = model.transform(testdata)

    r = pred.stat.corr("prediction", "target")
    mlflow.log_metric("rsquared", r**2, step=i)
```

这些代码并不难。对于每个轮次，都显式地告知 MLflow，要开始一个新轮次。然后，设置参数，拟合数据，并将得到的模型应用于 testdata 以获得预测结果。最后，使用R平方值检查预测有多准确。

问题是，我们多次运行了算法，每次得到不同的结果，但不知道使用哪些参数值得到的结果是最佳的。好在我们让MLflow对这些方面进行了追踪：使用命令log_param将使用的参数值告知MLflow，并使用log_metric将结果告知MLflow。我们原本还可以保存模型或要随运行一起存储的制品（artifact），选择空间非常大。现在该在用户界面中看看追踪情况是什么样的了。

11.3.2 检查结果

首先，单击工作区右上角的链接Runs，这将显示各次运行的所有参数和指标（metric）。可展开每一行，以基于行的格式显示信息，以方便阅读。

因此，可查看上述所有值，进而确定哪次运行的预测最准确。不仅如此，还可让Databricks指出给定结果是运行哪个版本的笔记本得到的，这意味着可尝试很多选项（同时不用做太多的追踪工作），再回过头去确定哪些代码的表现最佳。

现在，如果单击右上角的link按钮（它位于reload按钮旁边），将进入一个全新的用户界面，它概览了所有的运行，并让你只需单击鼠标就能进行排序和搜索。

你甚至可对这里显示的数据运行查询，例如，如果要查看使用给定的参数值且表现超过特定阈值的所有结果，可输入类似于下面的代码：

```
params.maxIter = 20 and metrics.rsquared > 0.65
```

由于在这里可指定参数和指标，因此可以做一些很有用的事情，从而快速剔除数据，并找出管用数据。前面说过，有一个可用来根据这些值实现逻辑的API，例如，你可能想在模型的表现过于低于阈值后重新训练它，看看它能否得到改善。

总之，在这个MLflow视图中，可浏览数百个模型，看看它们的表现如何。可像这里做的那样研究不同设置对结果的影响，还可追踪结果随时间推移的变化情况，因为今天表现出色的模型到明天可能不理想。

11.4 更新表

如果决定在不使用Delta Lake的情况下将数据存储为Parquet格式，将发现要更新这些底层数据并不那么容易。如果表很小，就没什么关系，因为可读取并替换它们。但表包含数 TB 数据时，使用这种替换方法将比较烦琐。

更新底层数据的方式有很多，其中包含硬替换底层的 Parquet 文件。但如果要以结构化方式完成这种任务，可用点小技巧。这不那么简单，也不太复杂。

这里需要指出的是，如果 Delta Lake 在你的环境中可行，就应该使用 Delta Lake。使 Databricks 开发的这个开源解决方案有利有弊，但通常有必要考虑使用它。

11.4.1 创建源表

先要创建一个源表。为了让表更清晰，我们将同时创建一个带底层分区的表，但并非必须这样做。出于同样的考虑，我们将让每个分区只有一行数据。

这里假设能够访问一个 Oracle 数据库。使用的是 SQL Server、DB2、SAE 或其他关系型数据库时，解决方案与这里类似，但可能需要对代码做些修改。

登录这个 Oracle 数据库，并运行下面的 SQL 代码，以创建源表。记录你是在哪个数据库中创建这个表的，因为后面从 Databricks 读取这个表时需要指定该数据库。

```
drop table p_table;
create table p_table (
a date, b varchar2(10))
partition by range(a)
(partition p1 values less than (to_date('20200102','YYYYMMDD')),
partition p2 values less than (to_date('20200103','YYYYMMDD')),
partition p3 values less than (to_date('20200104','YYYYMMDD')),
partition p4 values less than (to_date('20200105','YYYYMMDD')),
partition pm values less than (MAXVALUE));

insert into p_table values (to_date('20200101','YYYYMMDD'),'Data 1');
insert into p_table values (to_date('20200102','YYYYMMDD'),'Data 2');
insert into p_table values (to_date('20200103','YYYYMMDD'),'Data 3');
insert into p_table values (to_date('20200104','YYYYMMDD'),'Data 4');
commit;
```

这样将在表中包含 4 行数据，每个日期一行，且每行都有对应的文本。注意，这里使用的是 Oracle 日期格式，但 JDBC 将尝试将这种格式转换为时间戳——如果我们没有让它不要这样做的话。现在进入下一步，将看到如何让 JDBC 不要将日期转换为时间戳。

11.4.2 从 Databricks 连接到 Oracle 数据库

接下来，我们将从 Databricks 连接到 Oracle 数据库，以读取源表。注意，需要打开端口并安装好 Oracle 驱动程序，但这里不详细介绍，因为前面讨论过。

在下面的命令中，我们使用 Oracle JDBC 来连接。正如所见，我们设置了 lowerBound 和 upperBound 以便进行分区。我们将分区数设置成 4（因为我们知道源表有 4 个分区），同时告知 Databricks 根据哪列进行分区。如果你是以另一个用户登录的，别忘了添加数据库名。

```
df = spark \
.read \
.format("jdbc").option("url", "jdbc:oracle:thin:@//<servername>
:1521/<servicename>") \
.option("dbTable", "(SELECT * FROM p_table)") \
.option("user", "<username/schema>") \
.option("password", "<password>") \
.option("driver", "oracle.jdbc.driver.OracleDriver") \
.option("fetchsize", 2000) \
.option("lowerBound", "2020-01-01") \
.option("upperBound", "2020-01-04") \
.option("numPartitions", 4) \
.option("partitionColumn", "a") \
.option("oracle.jdbc.mapDateToTimestamp", "false") \
.option("sessionInitStatement", "ALTER SESSION SET NLS_DATE_FORMAT =
'YYYY-MM-DD'")\
.load()
```

这里让我们感兴趣的部分只有最后两个选项。通过将 mapDateToTimestamp 设置为 false，显式地告知 JDBC，不要对日期格式进行转换。在下面一行，我们向 Oracle 发送一个命令，让它使用日期格式 YYYY-MM-DD。该存储数据了。

```
df.write.partitionBy('A').parquet('/tmp/ptab')
```

至此，我们将源表从外部数据库复制到了本地存储中。这里使用的是 DBFS，但在实际工作中，可能会使用外部存储。接下来该修改源表并提取变更的数据了。

要查看数据是如何存储的，可像往常一样使用内置命令来查看文件系统。你将发现分区键被用作文件夹名，这与后面的步骤相关。

```
%fs ls /tmp/ptab
```

11.4.3 提取变更的数据

要提取变更的数据，先得修改数据。为此，我们修改源表中的某一行，这是在数据库中使用普通 update 语句实现的。在数据库中运行下面的命令：

```
update p_table set b = 'Data 22'
        where a = to_date('20200102','YYYYMMDD');
commit
```

可以很多不同的方式来处理变更。在可能的情况下，最简单的方式是在源数据库中完成这种任务，为此，只需在加载数据时追踪 DML。然而，这通常是不可能的，因此需要使用别的方式。

在 Oracle 中，有很多处理变更的方式，但这不在本书的讨论范围之内。最糟糕的情况是，必须对表进行比较，这不仅开销大，而且速度慢。在这里，好在我们知道做了哪些修改，因此只需提取相应的分区。

```
df_delta = spark \
.read \
.format("jdbc") \
.format("jdbc").option("url", "jdbc:oracle:thin:@//<servername>
:1521/<servicename>") \
.option("dbTable", "(SELECT B,A FROM p_table partition (p2))") \
.option("user", "<username/schema>") \
.option("password", "<password>") \
.option("driver", "oracle.jdbc.driver.OracleDriver") \
.option("fetchsize", 2000) \
.option("lowerBound", "2020-01-02") \
.option("upperBound", "2020-01-02") \
.option("numPartitions", 1) \
.option("partitionColumn", "a") \
.option("oracle.jdbc.mapDateToTimestamp", "false") \
.option("sessionInitStatement", "ALTER SESSION SET NLS_DATE_
FORMAT ='YYYY-MM-DD'")\
.load()
display(df_delta)
```

这将返回一个 DataFrame，其中包含变更的数据。与读取整个表的代码相比，这里的代码有多个不同的地方。我们指定了要提取哪个分区，以最大限度地减少要读取的数据量。这原本可使用一个 WHERE 子句来实现，但我发现指定分区（在知道的情况下）更容易。

另一个重点是，这里指定了列的排列顺序——A 列位于末尾。这是因为

Apache Spark 将作为分区键的列放在末尾，而源表和目标表必须匹配。

11.4.4 验证格式

前面说过，源表和目标表必须匹配。为了避免破坏目标表，明智的做法是在合并前做些检查。如果对数据有清楚的认识，这可能没有必要，但检查很容易。先将原始数据提取到一个新的 DataFrame 中：

```
df_original = spark.read.parquet('/tmp/ptab')
```

接下来，该做实际检查了。我们需要验证的是模式，因此先获取模式，再进行比较。如果模式不匹配，我们就尝试找出不同的地方，并将其打印出来：

```
orig_schema = df_original.schema.json()
delta_schema = df_delta.schema.json()

if df_schema == data_schema:
  print('The naming of source and target are identical')
else:
  print('There is a diff in here that will cause issues')

  import json
  json_source = json.loads(df_schema)
  json_delta = json.loads(data_schema)
  list_source = ['{}:{}'.format(f['name'], f['type']) for f in
json_source['fields']]
  list_delta = ['{}:{}'.format(f['name'], f['type']) for f in
json_delta['fields']]

  print(set(list_source) ^ set(list_delta))
```

这里的检查虽然简单，但管用。这些代码的含义显而易见，唯一的新内容是最后一个命令，其中使用了^，它是函数 symmetric_difference 的简写。这个函数显示这样的内容：出现在 list_source 或 list_delta 中，但没有同时出现在这两个列表中。换言之，它显示这两个列表的不同之处。

如果模式不匹配，就不能继续往下做，而应查看 df_delta，并回过头去看看哪里出了问题。如果必要，从头开始再做一遍。模式匹配后，就可接着更新表了。

11.4.5 更新表

终于可以更新表了。首先，需要创建一个临时视图（下一步需要这个视图）。然后，需要将设置 partitionOverwriteMode 改为 DYNAMIC。最后，执行写入操作的命令。

```
df_original.createOrReplaceTempView('orig_v')

spark.conf.set
("spark.sql.sources.partitionOverwriteMode","DYNAMIC")
df_delta.write.insertInto('orig_v', overwrite=True)
```

做好所有的准备工作后，实际要执行的命令非常简单。更新表后，我们来创建一个新的 DataFrame，并验证我们所做的修改反映到了 Parquet 文件中。

```
df_verify = spark.read.parquet('/tmp/ptab')

display(df_verify)

%fs ls /tmp/ptab
```

11.5 Pandas 简介

如果你到网上去搜索数据科学方面的信息，将发现有些工具出现的频率比其他工具高。在 Python 领域，几乎每个人都或多或少地使用 3 个核心库：NumPy、SciPy 和 Pandas。

进入 Spark 后，几乎必须放弃使用前述最后一个库——Pandas。Pandas 是一个易于使用的开源数据分析库，可在客户端运行它。另外，它也是以数据框架这种概念为中心的。

Pandas 出色地实现了其目标，但它并非是为提高伸缩性而开发的。可在 Apache Spark 集群中安装并运行 Pandas，但不会自动将负载分配给不同的节点，因此将受制于单机的内存和处理能力。

有鉴于此，很多开发人员在其本地机器中开发时使用 Pandas，但在数据量急剧上升时换用其他工具——通常是 Dask 或 Apache Spark。可惜从小规模切换到大规模并非总是那么容易，因为语法之间的关系并非是一一对应的。

11.6 Koalas——Spark 版 Pandas

面对前述问题，有个小团队决定致力于简化在 Pandas 和 DataFrame 之间切换的工作，他们最终采用的方式是创建一个库，其工作原理类似于 Pandas，但在幕后使用 Apache Spark DataFrame。

这个库就是2019年推出的Koalas。它让你能够使用常规的Pandas语法，但当你执行代码时，工作将在Apache Spark中完成。在最理想的情况下，你可从客户端将开发的代码和测试数据一同发送给集群进行处理。

本书编写期间，这个小团队已做了大量工作，很多功能都是开箱即用的，但离完全满足期望还有很长的路。

Databricks与Koalas项目紧密相关，原因显而易见，如果Koalas管用，当前使用大量Pandas代码的公司将能够更轻松地过渡到Apache Spark。有鉴于此，我们来看看如何让Koalas在集群中运转起来，以及使用Koalas编写的代码是什么样的。

11.6.1 鼓捣Koalas

先来看一个简单的Pandas示例。我们将创建一个字典（其中存储了一些特斯拉汽车的信息），并将其转换为Pandas数据框架。注意，Pandas数据框架和Apache Spark DataFrame不是一码事。对于Pandas数据框架，只能使用Pandas函数，而对于Apache Spark DataFrame，只能使用Apache Spark函数。

```
import pandas as pd

models = {
  'Model' : ['Model S'
        ,'Model 3'
        ,'Model Y'
        ,'Model X'
        ,'Cybertruck'],
  'Entry Price' : [85000, 35000, 45000, 89500, 50000]
}

df = pd.DataFrame(models, columns = ['Model', 'Entry Price'])
df.columns = ['Model','Price']

print(df)
print(type(df))
```

这里没什么新内容。先创建了一个Pandas数据框架，再修改列名并打印数据框架的内容和类型。注意，这个数据框架是一个pandas.core.frame. DataFrame对象，因此不同于Apache Spark DataFrame。现在该尝试使用Koalas来做同样的事情了。

先要安装 Koalas，方法与安装其他库一样。可像这里这样安装它，也可动态地安装它。如果经常使用它，更明智的做法当然是将这个库添加到 Databricks 中，这样每次启动集群后都能使用它。

```
dbutils.library.installPyPI("koalas")
dbutils.library.restartPython()
```

接下来，需要编写代码。与前面一样，我们创建一个字典，将其转换为数据框架，并修改列名。然后，我们打印数据以及有关数据类型的信息。

```
import databricks.koalas as ks

models = {
  'Model' : ['Model S'
        ,'Model 3'
        ,'Model Y'
        ,'Model X'
        ,'Cybertruck'],
  'Entry Price' : [85000, 35000, 45000, 89500, 50000]
        }
df = ks.DataFrame(models, columns = ['Model', 'Entry Price'])
df.columns = ['Model','Price']

print(df)
print(type(df))
```

你将发现，这里的代码几乎与前面编写的代码完全相同，唯一的不同之处是，导入的是 Koalas（而不是 Pandas），且指定的别名不同。如果这里使用别名 pd 而不是 ks，后面的代码将完全相同。

然而，结果并不相同：数据是一样的，但数据类型不同。这里的数据类型是 databricks.koalas.frame.DataFrame，它不同于 Pandas 数据框架，也不同于 Apache Spark DataFrame，换言之，它是另一种数据框架。对于不同类型的数据框架，可对其使用的命令也不同。

我们再来看一个示例：读取两个文件，将它们拼接起来，并执行简单的聚合操作。这里将研究两点，并找出它们存在的问题。

```
df0 = pd.read_csv('/dbfs/databricks-datasets/airlines/part-00000')
df1 = pd.read_csv('/dbfs/databricks-datasets/airlines/part-00001',
header=0)
df1 = pd.DataFrame(data=df1.values, columns=df0.columns)

df = pd.concat([df0,df1], ignore_index=True)
df[['Year','Month']].groupby('Year').sum()
```

Pandas 无法识别 DBFS，因此指定路径时，需要指定在驱动器节点中所看到的路径。除指定路径的方式不同外，读取文件的代码简单易懂。注意第三行创建数据框架的方式，重写为Koalas 代码时，这一点很重要。我们来尝试重写为Koalas 代码：

```
df0 = ks.read_csv('/databricks-datasets/airlines/part-00000')
df1 = ks.read_csv('/databricks-datasets/airlines/part-00001',
header=0)
df1 = ks.DataFrame(data=df1.values, columns=df0.columns)

df = ks.concat([df0,df1], ignore_index=True)
```

这些代码没有像我们希望的那样运行，而是返回一条错误消息。显然，这是因为 Koalas 还没有实现函数 DataFrame.values()。这让人沮丧，在 Pandas 代码中，经常会用到 DataFrame.values()。

```
df0 = ks.read_csv('/databricks-datasets/airlines/part-00000')
df1 = ks.read_csv('/databricks-datasets/airlines/part-00001',
header=0)

df1.columns = df0.columns
df = ks.concat([df0,df1], ignore_index=True)

df[['Year','Month']].groupby('Year').sum()
```

这里对代码做了细微的修改，让它们能够正确地运行。正如所见，Koalas 能够识别 DBFS，因此这里指定的路径不同。修改设置列名的方式后，代码便能正确地运行了。

大量使用 Koalas 后，将发现最常用功能的行为与预期一致，但一些小特性（如刚才介绍的未实现函数）可能出乎意料。这可能令人沮丧，但绝对值得尝试去修改既有代码，使其使用 Koalas。

然而，你将发现在这个示例中，转而使用 Koalas 后，运行速度并没有提高，相反还降低了。仅当数据量很大时，使用 Koalas 带来的好处才能显现出来。如果尝试使用 Pandas 对所有的航班文件数据进行分析，将会崩溃，这是因为受制于内存量，Pandas 根本无法处理这么多文件，而 Koalas 没问题。

11.6.2 Koalas 的未来

对于像 Koalas 这样的项目，在早期很难预测它们能获得多大的成功。湮没在历史尘埃中的优秀项目多如牛毛。Koalas 的有些方面让我认为它将成功，而有些方面又让我认为它将失败，我们还是拭目以待吧。

当前，有大量现成的 Pandas 代码，这给 Koalas 提供了用武之地。如果获得成功，Koalas 将让众多公司只需修改导入语句，就能够让既有代码具有可伸缩性。这太有吸引力了。

Koalas 的另一个优势是，Databricks 看起来已决定支持它。Databricks 这样做合乎情理，同时作为全球最大的 Apache Spark 公司，Databricks 有能力为支持 Koalas 投入必要的资源。另外，Databricks 有影响力，而能得到大家的共同支持总是有益的。

问题是要实现与 Pandas 全面兼容很难。与其他项目一样，一开始可挑简单易行的入手，这很容易，但面对最后的硬骨头时，将难得多。在有些情况下，差不多兼容就足够了，但要求代码像预期的那样工作时，差不多兼容是满足不了的。

另外，Koalas 必须紧跟 Pandas 的发展步伐，迅速复制 Pandas 所做的所有变更，这至关重要。如果能够得到足够的支持，这或许能够做到，但这是一个相辅相成的问题。

Koalas 的未来如何，我们拭目以待。就目前而言，建议尽可能在从开发到部署的整个过程中都使用 PySpark。中途更换工具绝对不是好主意，因为这将带来风险，还必须做更多的测试。

11.7 数据呈现艺术

本书的重点是分析数据并生成结果，而非呈现数据。数据通常呈现给最终用户，而数据呈现本身就是一个庞大的主题。数据呈现工作不容易做好，所需的技能与提取和清理数据以及对其运行算法所需的技能不同。

如果对这个主题感兴趣，建议阅读著作 *The Visual Display of Quantitative Information* 和 *Information Dashboard Design*，它们分别出自 Edward Tufte 和 Stephen Few 之手。Edward Tufte 和 Stephen Few 还编写了其他探讨该主题的著作，这些著作也非常出色。

要使用 Python 呈现数据，可使用 Matplotlib 和 Seaborn 等工具，它们可提供极大的帮助。通常使用其他工具来呈现数据，SAP 和 IBM 等公司提供了报告解决方案，而在图形分析领域，几个较大的供应商分别是 Tableau、Qlik 和 Microsoft。

然而，如果只想以差不多固定的方式呈现最新的数据，Databricks 提供的相关工具就可行。这个工具可能是 Databricks 工具集中最怪异的，简单得不能再简单，但在有些情况下很有用。

这个工具最大的优点在于它是现成的。运行笔记本后，可选择要将哪些图表加入仪表板，再向接收方发送一个指向仪表板的链接。再次运行代码后，仪表板将全面更新。我们来看看这项特性以及它向最终用户呈现的数据是什么样的。

11.7.1 准备数据

先来获取一些数据。这里也将使用航班数据。对这里的示例来说，这个数据集不是最合适的（因为需要对其进行清理），但这里的重点是实现，而不是结果。

```
df = spark
        .read
        .format("csv")
        .option("inferSchema", "true")
        .option("header", "true")
        .load("/databricks-datasets/airlines/part-00000")
```

数据准备就绪后，运行一个简单的查询，对 3 个始发机场在一周内每天的航班数进行比较。计算航班数，并将其放在 NumberOfFlights 列中。为了让输出实用，我们还按 DayOfWeek 列排序。

```
from pyspark.sql.functions import count

display(df
        .select('Origin','DayOfWeek')
        .filter(df.Origin.isin('LAS','SAN','OAK'))
        .groupBy('Origin','DayOfWeek')
        .agg(count('Origin').alias('NumberOfFlights'))
        .orderBy('DayOfWeek'))
```

运行这个查询，并创建一个条形图：将 DayOfWeek 作为键、将 Origin 作为系列编组并将 NumberOfFlights 作为值。对于一周内的每一天，都将显示 3 个条形，每个机场一个。这样第一个图表就制作好了。

```
from pyspark.sql.functions import count

display(df
        .select('UniqueCarrier','DayOfMonth')
        .filter(df.UniqueCarrier.isin('UA','PI'))
```

```
            .groupBy('UniqueCarrier','DayOfMonth')
            .count()
            .orderBy('DayOfMonth'))
```

这些代码获取航空公司 UA 和 PI 在一个月内每天的航班数。使用这些数据绘制一个折线图：在上面、中间和下面的文本框中分别输入 DayOfMonth、UniqueCarrier 和 count。现在，你的笔记本中应该有两个图表。

11.7.2 使用 Matplotlib

如果经常使用 Python 和 Pandas，迟早需要绘制图表。而需要绘制图表时，很可能使用 Matplotlib，它是市面上功能最强大的绘图工具之一。Matplotlib 虽然难以使用，但其地位从未动摇，因此最好学习使用它。然而，它当前尚不能很好地处理 DataFrame。

要将 Matplotlib 与 PySpark 结合起来使用，需要用点小技巧：将 DataFrame 转换为 Pandas 数据框架。这样就能使用所有的常规语法，并获得预期的结果。下面是一个示例。

```
df2pd = df.withColumn('arrdelayint', df.ArrDelay.cast("int"))
df2pd = df2pd
        .select('DayOfWeek','arrdelayint')
        .filter(df2.arrdelayint.between(-20,20)).na.drop()

import pandas as pd
import matplotlib.pyplot as plt

pddf = df2pd.toPandas()
fig, ax = plt.subplots()

pddf.boxplot(column=['arrdelayint'], by='DayOfWeek', ax=ax)

plt.suptitle('Boxplots')
ax.set_title('axes title')
ax.set_xlabel('Day of week')
ax.set_ylabel('Delay')

display()
```

我们在 DataFrame 中新增一列，其中包含以整数表示的航班延误时间。然后筛选延误时间较短的行，再删除所有延误时间为 NULL 的行。接下来是导入 Pandas 和 Matplotlib 的语句。

要使用 Matplotlib 绘图，需要一个 Pandas 数据框架，因此我们执行相应的转换。然后使用 Matplotlib 创建一个箱形图，以展示一周内每天的延误时间。这将直接显示结果，单元格内没有任何选项，因为这里所有的工作都是使用代码完成的。

11.7.3 创建并显示仪表板

现在有 3 个漂亮的图表，而我们希望任何人都可查看它们，为此可创建一个仪表板。单击菜单 View 并选择 New Dashboard，这将显示一个新视图，它以全新的方式显示数据。

可移动图表、调整其大小以及删除不想要的图表。如果删除了图表，它们将不再出现在仪表板中，但还保留在笔记本中，如果以后改变了主意，可将它们重新添加到仪表板中。

对仪表板设计满意后，修改仪表板的名称（使其不再是 Untitled），再单击 Present Dashboard。这将在整洁的设计中显示信息，同时在右上角会出现一个 Update 按钮。

在仪表板名称下方，有一个链接，它指向刚看到的页面。可复制这个链接，并将其发送给你想让他查看这些数据的人。这样做之前，我们来看看能否给仪表板添加一些交互性。为此，从菜单 View 中选择 Code，以返回到笔记本。

11.7.4 添加小部件

前面学习如何在笔记本之间传递参数时，遇到过小部件。这里使用的小部件更名副其实——被用来创建下拉列表。我们来看看如何做。

```
carriers = df.select('UniqueCarrier').distinct().collect()

dbutils.widgets.dropdown("UniqueCarrierW"
        ,"UA"
        ,[str(c.UniqueCarrier) for c in carriers])
```

我们提取所有航空公司，并将它们存储在一个列表中。然后，我们使用小部件根据这个列表创建一个名为 UniqueCarrierW 的下拉列表。这个下拉列表包含所有航空公司，但默认选择的是 UA。生成的下拉列表将位于集群列表下方。

如果在这个下拉列表中选择不同的值，什么也不会发生，这是因为笔记本中没有任何单元格关注这个新的小部件。我们来创建一个图表，它关注着你在下拉列表中选择了哪个选项。为此，我们使用函数 getArgument。

```
df2 = df.withColumn('depdelayint', df.DepDelay.cast("int"))
df2 = df2.select('UniqueCarrier','depdelayint').na.drop()

display(df2
   .select('UniqueCarrier','depdelayint')
   .filter(df2.UniqueCarrier == getArgument('UniqueCarrierW'))
   .groupBy('UniqueCarrier')
   .avg())
```

在这里，你在下拉列表中做出的选择将带来实际影响。当选择不同的选项后，单元格将做出反应，导致数据相应地变化。如果用户只对你显示的数据感兴趣，而不想自己决定要显示哪些数据，这种交互性的效果非常好。如果在仪表板中添加交互性，效果将更好。

11.7.5 添加图表

在笔记本中创建一些图表后，如果要将它们添加到仪表板中，只需单击一个按钮。在活动单元格的右上角，有一个播放（play）按钮，而它右边有一个小型的图表按钮，单击它将出现一个包含所有仪表板的列表，让你能够选择要在哪里显示单元格结果。

将结果由小部件控制的单元格加入仪表板。再创建一个新的条形图：使用与前面相同的数据，但图形稍有不同。为此，运行下面的代码，并将 UniqueCarrier 作为键、将 avg(depdelayint)作为值。

```
df2 = df.withColumn('depdelayint', df.DepDelay.cast("int"))
df2 = df2.select('UniqueCarrier','depdelayint').na.drop()

display(df2.groupBy('UniqueCarrier').avg('depdelayint'))
```

将这个图表也加入仪表板，再回到仪表板视图，将发现两个新单元格都在仪表板中，同时仪表板顶部有一个小部件。从这个小部件中选择不同的选项，相应单元格的内容将发生变化。在仪表板中，并非只能包含图表，还可包含 Markdown 文本。

11.7.6 调度

结束对数据呈现这个主题的讨论之前，最后要说的一点是调度。在仪表板视图中，可让 Databricks 更新仪表板中的所有单元格。

当然，这样做的效果与直接调度底层笔记本没什么不同，但将作业关联到依赖它的视图可能更好。下面就来这样做。

单击右上角的 Schedule 按钮，这将打开一个新的工具栏，其中包含既有的调度计划。由于我们没有任何调度计划，因此这个工具栏中只有一个蓝色的 New 按钮。单击它，将出现你以前见过的标准 Cron 窗口。

选择要在什么时间更新数据，再单击 OK 按钮。这个调度计划将出现在工具栏中，单击它以查看所有的作业细节，其中值得特别关注的是将启动哪个集群来完成更新。

11.8 REST API 和 Databricks

大多数情况下，你都将通过图形用户界面来使用 Databricks。如果需要一个新的集群，只需进入网站并创建一个，这同样适用于你需要做的其他大多数事情。然而，在需要做大量事情的实际环境中，手动操作没有可伸缩性，因此不但烦琐，而且容易出错。

好在有一种使用代码与 Databricks 通信的方式。Databricks 提供了 REST API（应用程序接口），使用它可控制环境的很多方面。注意，仅当使用的是付费的 Databricks 版本时，才能使用这个 API，而免费的社区版没有提供这项功能。

11.8.1 能够做什么

使用 API 可启动集群、将文件移入和移出 DBFS、执行作业等。可使用的 API 有很多，每个 API 都包含大量的端点（可将其视为函数）。无论你要自动化 Databricks 工作流的哪一部分，这都是宝藏。

本节末尾列出了所有 API。有用于如下方面的 API：集群、DBFS、组、实例池、实例配置文件、作业、库、MLflow、SCIM、机密、令牌和工作区。你可能意识到了，这涵盖了你在 Databricks 中所使用的大部分对象。

11.8.2 不能做什么

然而，通过 API 并不能控制 Databricks 中的一切。很多对象的工作方式都不是所希望的那样的，例如，使用 API 不能处理用户。实际上，用户只能通过用户界面或外部解决方案处理。通过外部解决方案处理时，需要启用 SCIM 预配。

另外，也不能通过 API 直接与笔记本交互。可通过 DBFS 获取文件或将其导出，但不能添加单元格，也无法直接获得结果。实际中有办法规避这种限制，但这些办法过于复杂。因此，并非什么事情都可使用 API 来远程地完成。

最后，不能在 Databricks 外围来做基础设施方面的事情。例如，可能想为新项目自动创建工作区，但使用 API 无法完成这种任务。在这种情况下，需要研究 Azure 和 AWS 提供的功能，它们都提供了自动化基础设施任务的 API。

然而，这些限制不多，因为通常都有其他替代办法来做你要做的事情。另外，时不时地会给 API 增添新特性，因此有些特性现在没有并不意味着以后也不会有。

11.8.3 为使用 API 做好准备

要使用 API，需要有一个令牌，还需知道当前使用的域。域很容易确定，只需查看你访问 Databricks 时使用的 URL。如果你位于另一个数据中心或使用的是 AWS，域将有所不同。

接下来，需要创建令牌。创建令牌的过程在前面介绍过，这里再介绍一次。单击右上角的小图标，并进入 User Settings 视图。确保当前显示的是选项卡 Access Token，再单击 Generate New Token 按钮。输入描述并生成令牌，再复制令牌并将其存储在你能够获取到的地方。接下来将多次使用这个令牌。

然后需要一个可用来运行代码的环境。这里将使用 Python，但由于这是常规的 REST API，因此可使用任何环境，包括诸如 Postman 等工具，然而，建议使用可在其中编写实际代码的环境。如果你愿意，甚至可使用 Databricks 中的笔记本。

介绍示例前，我来简单地捋一捋该如何使用 API：定义基本信息；选择感兴趣的端点；设置正确的参数；根据是否要传递数据发送 GET 或 POST 请求。一旦掌握了方法，使用起来就非常容易。

11.8.4 示例：获取集群数据

我们来看一个简单的示例，这通常是搞明白流程的最简单方式。如果你以前使用过 Web 服务，很快就能发现其中的重要套路：设置报头、定义端点再发送请求。

注意，这里以硬编码方式指定令牌，但在实际环境中，不要这样做，而应使用某种混淆工具（如 Databricks 机密），确保任何人都无法使用你的凭据来访问这个 API。

```
import requests, base64

token = b"<yourtoken>"
domain = "https://westeurope.azuredatabricks.net/api/2.0"
endPoint = domain + "/clusters/list"

header = {"Authorization": b"Basic " + base64.standard_b64encode
(b"token:" + token)}

res = requests.get(endPoint, headers=header)

print(res.text)
```

首先导入了两个库：第一个是一个 HTTP 库，用于通过 Web 发送请求；第二个是 base64，用于对令牌字符串进行编码。通过使用 b 表示法，我们创建了一个 8 字节的字符串，以确保所有的字符都被正确地传输。

接下来，定义了令牌、域和端点。然后创建了一个报头。做好所有准备工作后，调用 API，并将返回的结果赋给变量 res。最后，打印结果（其中包含所有集群，以及大量的额外数据）。

你可能注意到了，结果是以 JSON 格式返回的。实际上，可对返回的内容进行解析，并使用它来实现逻辑或以更整洁的方式显示数据。根据返回的结果，可做些有趣的事情。例如，了解没有妥善关闭的交互式集群带来了多少损失。即便启用了自动关闭功能，但如果将空闲时间设置为默认的 2 小时，也会带来很大的损失。

例如，如果你每天工作 6 小时，而工作结束后没有关闭集群，花在空闲时间上的费用占比将高达 25%（不考虑缩放）。在不考虑缩放的情况下，我们来计算花在空闲时间上的费用。注意，这里只添加了我使用的集群的价格，你完全可以添加你使用的集群的价格。

```
import requests, json, base64, datetime

token = b"<yourtoken>"
domain = "https://westeurope.azuredatabricks.net/api/2.0"

prices = { "DS3" : 0.572
```

```
         ,"DS4" : 1.144
         ,"DS5" : 2.287
         ,"D32s" : 4.32 }

header = {"Authorization": b"Basic " + base64.standard_b64encode
(b"token:" + token)}

endPoint = domain + "/clusters/list"

res = requests.get(endPoint, headers=header)

js = json.loads(res.text)

print("Poorly handled clusters:")
for k in js['clusters']:
  source = k['cluster_source']
  state = k['state']
   if (source != 'JOB')&(state != 'RUNNING'):
   termtime = k['terminated_time']
   tdate = datetime.datetime.fromtimestamp(int(termtime)/1000).
   date()
   if tdate == datetime.datetime.today().date():
    typ = k['node_type_id']

    name = k['cluster_name']
    mins = k['autotermination_minutes']
    minwork = k['autoscale']['min_workers']
    source = k['cluster_source']
    totnodes = int(minwork) + 1
    totmins = totnodes * int(mins)
    typematch = typ.split('_')[1]
    pricepermin = prices[typematch] / 60
    totcost = pricepermin * totmins
    if state == 'TERMINATED':
     reason = k['termination_reason']['code']
     if reason == 'INACTIVITY':
      print("{} ({}) with {} nodes ran for {} minutes unnecessarily.
      Price: ${}").format(name, typ, totnodes, totmins, totcost)
```

这种完成这种任务的方式有点烦琐，但应该很容易理解。脚本的开头与前面的代码相同：获取一个包含所有集群的列表。这里获取结果并使用函数 loads 将其转换为一个 JSON 对象。唯一新增的内容是一个字典，它包含各种集群节点类型的价格。

注意，对于类似于这里的代码，最好将其放在 try/except 子句中，以免集群的状态不符合预期时引发错误。例如，对于正在运行的集群，将不会返回这里用到的所有值。

接下来，遍历所有的集群，以选出交互式集群（非工作集群）。我们还可以查看终止时间，以便只选出当天已终止的集群。

如果集群满足上述条件，我们就获取有关它的一些数据。检查自动终止时间、运行的最小节点数以及每分钟的价格等信息，以获得所有需要的基础数据。

最后，检查集群当前是否已终止，以及它是否是因处于非活动状态而被终止。如果是这样的，就打印花在空闲时间上的最低费用。注意，实际费用可能要高得多，因为在起始的空闲阶段，运行的节点很多。然而，对那些忘记关闭大型集群的开发人员来说，这依然是很好的提醒方式。

11.8.5 示例：创建并执行作业

处理集群是一种常见的操作，处理作业的操作可能更常见，当你在生产环境中使用外部调度器运行作业时尤其如此。你将通过 API 来处理作业。下面来看一个这样的示例。先创建一个笔记本并将其命名为 TestRun。在笔记本中，添加一个简单的 sleep 命令：

```
from time import sleep
sleep(100)
```

接下来，创建一个作业模板，看看它是什么样的。先要做的是定义要运行的作业，为此创建一个 JSON 结构，其中包含需要的所有细节。实际上，我们不需要这里的库，这里添加它旨在让你知道如何添加库。

```
import requests, json, base64

job_json = {
 "name": "MyJob",
 "new_cluster": {
  "spark_version": "5.5.x-scala2.11",
  "node_type_id": "Standard_DS3_v2",
  "num_workers": 4
 },
 "libraries": [ {
  "jar": "dbfs:/FileStore/jars/abcd123_aa91_4f96_abcd_a8d19cc39a28-
  ojdbc8.jar"
 }],
 "notebook_task": {
  "notebook_path": "/Users/robert.ilijason/TestRun"
 }
}
```

正如所见，我们告知 Databricks 要使用一个临时作业集群，它使用指定的 Spark 版本和节点类型，并包含 4 个工作节点。我们还加载了一个 JAR 文件。最后，我们指定要运行哪个笔记本。然而，这些代码只是定义了作业，我们还需要使用 API 将作业发送给 Databricks。

```
token = b"<yourtoken>"
domain = "https://westeurope.azuredatabricks.net/api/2.0"

header = {"Authorization": b"Basic " + base64.standard_b64encode
(b"token:" + token)}
endPoint = domain + "/jobs/create"
res = requests.post(endPoint
        ,headers=header
        ,data=json.dumps(job_json))

print(res.text)
```

这些代码与前面获取集群信息的代码很类似，实际上，大部分调用 API 的代码都很类似。这里最大的不同是，还发送了数据。发送的数据必须是 JSON 格式的，因此我们使用了函数 dumps。如果一切顺利，将返回一个标识符——作业 ID。

至此，我们定义了一个作业，并将其加载到了 Databricks 中。如果你查看 Jobs 视图，将发现其中列出了这个作业。然而，我们还没有执行它，要执行它，也可使用 API。

```
import requests, json, base64

job_json = {
 "job_id": <the Job ID from the last job>
}

token = b"<yourtoken>"
domain = "https://westeurope.azuredatabricks.net/api/2.0"

header = {"Authorization": b"Basic " + base64.standard_b64encode
(b"token:" + token)}
endPoint = endPoint = domain+"/jobs/run-now"

res = requests.post(endPoint
        ,headers=header
        ,data=json.dumps(job_json))

print(res.text)
```

现在作业运行起来了，这都是端点 run-now 的功劳。这个命令会启动作业，但不会等待作业完成，而直接返回一个运行（run）标识符。如果你愿意，可使用这个标识符来追踪作业的状态。

```
import requests, json, base64

job_json = {
 "run_id": <the Run ID from the last job>
}
token = b"<yourtoken>"
domain = "https://westeurope.azuredatabricks.net/api/2.0"

header = {"Authorization": b"Basic " + base64.standard_b64encode
(b"token:" + token)}
endPoint = endPoint = domain+"/jobs/runs/get"

res = requests.get(endPoint
        ,headers=header
        ,data=json.dumps(job_json))
js = json.loads(res.text)

print(js['state']['state_message'])
```

如果你在启动作业后立即运行这些代码，可能会收到一条消息，指出正在等待集群启动。过段时间后，作业将开始运行，并最终正常地结束。如果你想看到其他状态，可增加休眠时间（需要多长就设置为多长）。

11.8.6 示例：获取笔记本

如果要进行版本控制，Databricks 提供了相关的特性，但出于众多方面的考虑，你可能想以不同的方式完成这种任务，为此需要从系统导出笔记本，还可能需要将笔记本导入系统。

我们来看看如何导出笔记本。可导出为 SOURCE、HTML、JUPYTER 或 DBC 格式。这里要查看实际数据，因此将导出格式指定为 SOURCE。如果要直接克隆，其他格式可能更合适。

```
import requests, json, base64

job_json = {
  "path": "/Users/robert.ilijasson/TestRun",
  "format": "SOURCE"
}

token = b"<yourtoken>"
domain = "https://westeurope.azuredatabricks.net/api/2.0"
```

```
header = {"Authorization": b"Basic " + base64.standard_b64encode
(b"token:" + token)}
endPoint = domain + "/workspace/export"
res = requests.get(endPoint
        ,headers=header
        ,data=json.dumps(job_json))
js = json.loads(res.text)

print(base64.b64decode(js['content']).decode('ascii'))
```

现在你应该对这些代码很清楚了。我们设置参数，将它们发送给 Databricks，并获得结果。接下来，对内容进行解析，由于内容是经过编码的，因此对其进行 base64 解码。结果为笔记本中的代码，如果愿意，可将其检查导入版本控制系统。

11.8.7 所有 API 及其用途

通过 API 可做很多事情，前面只介绍了其中的几件。然而，无论通过 API 做什么事情，代码结构都大致相同：确定需要使用的参数，确保使用正确的 HTTP 方法，再调用 API。

下面列出了 2.0 版中的所有 API。如果要更详细地了解这些 API 以及所有的端点，可参阅 Databricks 官方文档。

- 集群 API。让你能够操作集群，如运行 create、delete、start、stop、resize 等命令。如果要自动创建集群并追踪系统中发生的情况，这个 API 很重要。
- DBFS API。让你能够使用 Databricks 文件系统，如创建目录、列出内容或移动文件。还可使用它将文件上传到 Databricks 文件系统或从这个文件系统下载文件。
- 组 API。可用于从命令提示符窗口创建组，还可用于列出组中的用户、将用户加入组以及将用户从组中删除。在大多数环境中，可使用其他替代解决方案，但需要时也可使用这个 API。
- 实例池 API。仅当在使用了集群池特性时才有用。你可使用这个 API 来创建、删除和列出集群池。自动化环境搭建时可能用到这个 API。
- 实例配置文件 API。仅供 AWS 用户使用。使用这个 API 可添加和删除可用来启动集群的实例配置文件，还可列出既有的实例配置文件。

- 作业 API。这个 API 可能是你用得最多的。它的用途很多，本章前面的示例只说了点皮毛。这些功能大都与作业执行相关，例如，使用这个 API 可获取作业运行结果。
- 库 API。一种添加或删除库的简单方式。如果要更新大量工作区中的库，这个 API 让你能够更轻松地完成这种任务。你安装的集群必须处于运行状态，否则这个命令将以失败告终。要启动集群，可使用集群 API。
- MLflow API。这个大型 API 是受管版的 MLflow 追踪服务器。MLflow 追踪服务器很复杂，但可控制其很大一部分，例如，可与试验、运行（run）和模型交互。
- SCIM API。用于按跨域身份管理系统（SCIM）标准管理用户和组。本书编写期间，这个 API 还是公共预览版，但如果使用了 SCIM 预配特性，它有望赋予你强大的管理能力。
- 机密 API。这个 API 在前面介绍过，它让你能够在笔记本中隐藏密码、令牌和其他敏感信息。虽然这个特性很好，但应考虑使用其他适用于多个系统的工具。
- 令牌 API。在需要临时令牌时很有用，使用它可创建、撤销和列出令牌。当然，要调用这个 API，得有令牌，因此它主要是在应急时使用。
- 工作区 API。让你能够导出和导入笔记本。还可使用它在工作区中创建文件夹和列出内容。这个 API 中还有一个很有用的 get-status 端点，让你能够获悉特定的资源是否存在，这可简化脚本编写工作。

需要指出的是，在本书编写期间，该 API 的 1.2 版还未被摒弃。实际上，它提供的功能比 2.0 版要多些，最重要的是，它让你能够执行各种命令和 JAR 文件。因此，从理论上说，可像运行 Spark 前端那样运行 Databricks，虽然我觉得这并不可取，但需要时可以这样做。

11.9 Delta 流处理

前面介绍的都是如何以传统方式进行大规模数据分析：批量载入数据，对数据进行清理，再运行某种算法。随着数据到来的速度越来越快，给做出决策留下的时间越来越短，流处理得以大行其道，尤其是在电子商务领域。

流处理背后的理念是，持续的使用数据并动态地执行聚合、检查和算法，以最大限度地缩短时延。如果有大量顾客且要每分钟调整一次价格，就不能依赖批量解决方案。

流处理确实要求有更多的数据，因为没有太多的时间来处理错误。在传统的批量解决方案中，可先对数据进行验证（通常还要求验证其他方面，因为你不想根据错误的数据做出决策），再进入下一步，因此从弹性的角度看，流处理根本就无法望其项背。

虽然流处理风头正劲，但它并非在所有应用场景中都适用。实际上，情况恰恰相反，如果只需每天或每周使用一次结果，就没必要每秒都更新报表。大多数重要决策都不是瞬间做出的，但对数据驱动的组织的大肆宣传可能让你以为是这样的。

然而，你可能想使用流处理来最大限度地缩短加载时间、简化集成等，因此，明白流处理的工作原理大有裨益。有鉴于此，我将以这个主题结束本书的讨论，为你打开通往未来的大门。

然而，流处理是个庞大的主题，要详细介绍，需要一部篇幅与本书一样大的专著，因此这里只说些皮毛。如果你发现这个主题很有趣，建议阅读探讨 Apache Kafka 的著作，再回过头来在 Databricks 中使用 Delta Lake 来处理流。

11.9.1 运行流

我们来尝试使用流处理。我们将创建一些虚构数据，激活流并使用它，这将让你领略到流处理背后的理念。出于简化考虑，我们将纯文本文件作为数据源。在实际工作中，数据很可能是从外部工具（Apache Kafka）获取的。

```
dbutils.fs.mkdirs('/streamtst')
```

先创建了一个文件夹，用于存储数据文件。注意到这里使用了 dbutils，因此创建的文件夹将位于 DBFS 中。接下来，需要创建一些要处理的数据，为此我们将一个 JSON 格式的简单结构存储到一个文本文件中。

```
import json
import random
import time
d = {'unix_timestamp':time.time()
```

```
        ,'random_number':random.randint(1,10)}

with open('/dbfs/streamtst/0.json', 'w') as f:
    json.dump(d, f)

%fs ls /streamtst/
```

这里创建了一个包含两列的简单字典。第一列为 unix_timestamp，在其中填充的值为当前的新纪元时间（epoch time）；第二列为 random_number，在其中填充的值为一个随机数。我们将这个字典转换为 JSON 格式，并将转换结果存储到前述文件夹中的一个文件中。为此，我们导入了 3 个库。

文件系统命令 ls 将列出文件夹 streamtst 中的所有内容，这个文件夹中应该只有一个文件——0.json。接下来，需要定义模式，让 Databricks 知道我们处理的是什么样的数据。

```
from pyspark.sql.types import TimestampType, IntegerType, StructType,
StructField

schema = StructType([
        StructField("unix_timestamp", TimestampType(), True),
StructField("random_number", IntegerType(), True) ])
```

前面定义过模式，因此这里没什么新东西。我们导入要使用的数据类型，并手动创建模式。现在可以创建 readStream，其工作方式像链接。因此，与执行转换时一样，当你运行下面的命令时，不会发生任何事情。

```
dfin = (spark
        .readStream
        .schema(schema)
        .option('maxFilesPerTrigger',1)
        .json('/streamtst/'))
```

这里没有令人兴奋的地方。我们定义一个 readStream，并向它提供模式和源文件夹。maxFilesPerTrigger 让 Databricks 每次刷新时都只处理一个文件，如果不设置这个参数，其默认值为 1000，这意味着什么呢？我们将在后面讨论。

接下来指定如何处理到来的数据。可以选择向下游传递数据，但这里做更有趣些的处理：执行简单的聚合操作，如计算每个随机数出现了多少次。

```
dfstream = (dfin.groupBy(dfin.random_number).count())
```

万事俱备，该启动 writeStream，让一切都运转起来了。先在内存中创建一个名为 random_numbers 的表，参数 outputMode 指定要将哪些数据发送给数据池

（sink），可将其设置为 append、update 或 complete。

append 只添加新行，update 重写已修改的行，而 complete 每次都处理所有的数据。在这里，complete 很有用，因为我们要对数据执行聚合操作。

```
dfrun = (
  dfstream
    .writeStream
    .format("memory")
    .queryName("random_numbers")
    .outputMode("complete")
    .start()
)
```

运行这些代码时，输出与你在前面见到的稍有不同。将先看到 Databricks 显示消息 Streams initializing（正在初始化流）。几秒后，流将正确地启动，并对文件夹 streamtst 中的数据进行处理。出现绿色图标，且它右边有文本 random_numbers 后，就说明准备就绪了。

另一个不同的地方是，可继续编写代码，即便执行流处理的单元格正在运行。因此，在单元格开始运行后，执行下面的查询，看看它能否正常运行。

```
%sql select * from random_numbers;
```

如果一切正常，将返回前面创建的表中的数据。这很好，但不那么激动人心。我们在前面创建的文件夹中再添加一个文件，看看会出现什么情况。为此，只需运行与前面一样的代码，但使用不同的文件名。

```
d = {'unix_timestamp':time.time()
        ,'random_number':random.randint(1,10)}

with open('/dbfs/streamtst/1.json', 'w') as f:
    json.dump(d, f)
```

等流读取这个文件后，将出现一条消息，指出这些数据是新到来的。等流处理执行完这个文件后，再次执行前面的查询，将发现现在表中有两行。

```
%sql select * from random_numbers;
```

你将看到，自动获取了数据，这就是奇迹发生的地方。你只管添加数据，而数据处理将自动完成。为了让这个示例更有趣些，我们创建一个图表，将 random_number 用作键（Keys），将 count 用作值（Values），然后再添加一些文件。

```
for i in range(2,100):
  d = {'unix_timestamp':time.time()
```

```
        ,'random_number':random.randint(1,10)}

  with open('/dbfs/streamtst/{}.json'.format(i), 'w') as f:
      json.dump(d, f)

%fs ls /streamtst/
```

你将看到，现在文件夹 streamtst 中有一大堆文件。我们来看看 Databricks 是如何处理数据的，为此只需反复运行前面的查询（其结果被用来绘制图表）——每隔大约 1 分钟运行一次，你将看到结果是如何变化的。

这些文件被添加到内存表中——每次一个文件，这是因为我们将参数 maxFilesPerTrigger 设置成了 1。如果没有设置这个参数，查询时获得的体验将稍有不同。下面来看看如何停止流。

11.9.2　检查和停止流

虽然获取数据时让流不断地运行很好，但这也会导致集群不断地运行。因此如果不小心，这可能产生高额费用。要查看是否有流在运行，可执行如下代码：

```
for stream in spark.streams.active:
  print("{}, {}".format(stream.name, stream.id))
```

你将发现，有一个流在运行。如果要停止这个流，必须运行另一个命令。由于这个流名为 dfrun，因此可像下面这样做：

```
dfrun.stop()
```

要停止所有的活动流，可修改前面列出活动流的如下代码。编写这种代码时务必小心，避免没有停止任何流的情况发生。

```
for stream in spark.streams.active:
  stream.stop()
```

一个有趣的细节是，表还处于活动状态。这个表不会再更新，但只要不停止集群或将表删除，就能继续对它执行查询。我们来验证这一点，方法是再次运行带图表的那个单元格。

```
%sql select * from random_numbers;
```

11.9.3　加快运行节奏

前面说过，在这个示例中，我们对数据处理速度做了限制，但通常不会这样做，相反，你可能让 Databricks 稍微加快点步伐。未被设置时，参数 maxFilesPerTrigger

的值默认为 1000。我们来尝试不设置参数 maxFilesPerTrigger。

```
dfin = (spark.readStream.schema(schema).json('/streamtst/'))
dfstream = (dfin.groupBy(dfin.random_number).count())
dfrun = (
  dfstream
    .writeStream
    .format("memory")
    .queryName("random_numbers")
    .outputMode("complete")
    .start()
)
```

初始化完毕后（这次需要的时间长些），再次运行带图表的那个单元格。你将发现，条形很快就变得高得多，这是因为马上对所有的数据做了处理。突然之间，可向流提供多得多的数据，就像批量处理时那样。可以再创建很多文件，并看看情况如何。

11.9.4 使用检查点

前面所有的流处理都是在内存中进行的，这意味着每次开始处理时都将从头开始。在有些情况下，这没问题，但经常需要从中断的地方开始接着往下做。另外，你还可能想将信息物化到表中。我们来看看如何完成这样的任务。

```
dbutils.fs.mkdirs('/streamtstchk/ )
```

先创建一个新文件夹，用于存储检查点文件。检查点有点像台账，Apache Spark 使用它们来记录发生的情况。检查点记录状态，以确保我们能够确定是在哪里中断的。接下来，像前面那样进行设置。

```
dfin = (spark
        .readStream
        .schema(schema)
        .option('maxFilesPerTrigger',1)
        .json('/streamtst/'))

dfstream = (dfin.groupBy(dfin.random_number).count())

dfrun = (
  dfstream
    .writeStream
    .format("delta")
    .option("checkpointLocation", '/streamtstchk/_checkpoint')
    .queryName("random_numbers")
    .outputMode("complete")
```

```
        .table('stest')
)
```

最后一部分与以前稍有不同。我们告知 Databricks 要将检查点文件保存到哪里，还定义了一个用于存储数据的表——stest。运行这些代码，等流开始运行后，就可运行下面的查询来追踪进度。

```
%sql select * from stest;
```

你将发现，行数在慢慢累积，这是因为我们使用参数 maxFilesPerTrigger 限制了速度。等到累积几行后，使用命令 stop 停止活动的流，再重新启动流，并运行上面的查询以查看表的内容。

```
dfrun.stop()

dfrun = (
  dfstream
    .writeStream
    .format("delta")
    .option("checkpointLocation", '/streamtstchk/_checkpoint')
    .queryName("random_numbers")
    .outputMode("complete")
    .table('stest')
)
```

你将发现表中已经有数据，处理将从中断的地方开始继续往下进行，而无须再处理已处理过的信息。通过使用这种方式，可以先执行一段时间的数据处理，然后关闭系统，第二天再接着处理。